国家骨干高职院校建设项目教材

变电站综合自动化技术

主　编　高爱云　刘为雄　邹俊雄

中国水利水电出版社
www.waterpub.com.cn

内容提要

本书是骨干院校重点专业核心课程教材。全书分为六章，较全面地介绍了变电站综合自动化的概念、功能、结构、配置，间隔层的保护与测控装置、自动控制装置及变电站综合自动化系统的数据通信，并介绍了数字化变电站的概念及配置，还增加了变电站综合自动化系统设计和改造的工程案例。本书图文并茂，内容系统实用，通俗易懂。

本书可作为高职高专电力技术类、自动化类专业教材，也可作为相关专业函授教材，还可作为变电站综合自动化系统生产人员、技术人员的技能培训教材和电力工程技术人员的参考用书。

图书在版编目（CIP）数据

变电站综合自动化技术 / 高爱云，刘为雄，邹俊雄主编. -- 北京 : 中国水利水电出版社，2014.3（2021.7重印）
国家骨干高职院校建设项目教材
ISBN 978-7-5170-1812-4

Ⅰ. ①变… Ⅱ. ①高… ②刘… ③邹… Ⅲ. ①变电所－综合自动化系统－高等职业教育－教材 Ⅳ. ①TM63

中国版本图书馆CIP数据核字(2014)第067657号

书　名	国家骨干高职院校建设项目教材 **变电站综合自动化技术**
作　者	主编　高爱云　刘为雄　邹俊雄
出版发行	中国水利水电出版社 （北京市海淀区玉渊潭南路1号D座　100038） 网址：www.waterpub.com.cn E-mail：sales@waterpub.com.cn 电话：（010）68367658（营销中心）
经　售	北京科水图书销售中心（零售） 电话：（010）88383994、63202643、68545874 全国各地新华书店和相关出版物销售网点
排　版	中国水利水电出版社微机排版中心
印　刷	北京市密东印刷有限公司
规　格	184mm×260mm　16开本　8.25印张　196千字
版　次	2014年3月第1版　2021年7月第3次印刷
印　数	4001—6500册
定　价	**30.00**元

前　言

广东水利电力职业技术学院于2010年被国家教育部、财政部确定为全国骨干高职院校立项建设单位。电力工程系的“供用电技术”为重点建设专业。供用电技术专业的培养目标是培养具有良好的职业道德和吃苦耐劳精神，较强的沟通协调能力和实践创新能力，德智体美全面发展，具备电力行业运行、检修、试验等专业知识和专业技能，能胜任变电运行、变电检修、电气试验、继电保护等职业岗位的高素质技能型专门人才。为此，提出了“标课相融，做学合一”的人才培养模式改革。人才培养的落足点是课程改革和建设，在骨干院校建设期间，“供用电技术”专业加强了与企业的合作力度，由企业技术骨干和校内骨干教师共同参与课程建设。编写“工学结合”的教材是课程建设和改革的一项重要工作。这本教材就是在骨干院校建设的大环境下，在课程改革和建设的前提下由骨干教师和企业技术骨干共同编写而成的。

变电站综合自动化包含了计算机技术、通信技术、微机保护、微机自动装置等技术，范围广，更新快。对于以就业为导向的高职高专来说，掌握变电站综合自动化相关技术显得重要而实用。然而，技术的发展是无止境的，随着智能开关、电子式电压电流互感器、一次设备在线状态监测等技术的出现，数字化变电站成为了变电站综合自动化系统的发展方向。

本书力求全面、实用，紧密结合新技术、新方法、新原理、新装置，图文并茂，既有工程案例，又有大量的习题供学习者参考。

本书由广东水利电力职业技术学院高爱云、广东省电力设计研究院刘为雄、广州供电局变电管理二所邹俊雄共同编写。第二章变电站综合自动化系统的配置由邹俊雄编写，第六章变电站综合自动化系统工程案例由刘为雄编写，其余由高爱云编写。全书由高爱云统稿。除了参与编写外，刘为雄和邹俊雄两位专家还为本书提出了很多宝贵的意见，在此表示深深的感谢。在本书的编写过程中，编者参考了相关著作、文献、课件、装置技术说明书、标准规范、技术资料、论文等，在此也对相关的作者表示感谢。

由于变电站综合自动化技术不断发展，加之编者水平有限，书中不足之处在所难免，恳请专家和读者批评指正。

编者

2013年12月

目　　录

第一章　变电站综合自动化系统概述

【教学目标】

(1) 理解变电站综合自动化概念。

(2) 了解变电站综合自动化系统的发展方向。

(3) 能够说出变电站综合自动化系统的功能和特征。

(4) 理解变电站综合自动化系统的结构并能画图。

第一节　变电站综合自动化的概念

一、变电站综合自动化概念

变电站综合自动化系统是指将变电站的二次设备（包括控制、信号、测量、保护、自动装置、远动等）利用计算机技术、现代通信技术、现代电子技术和信号处理技术，通过功能组合和优化设计，实现对全变电站的主要设备和输配电线路的自动监视、测量、控制、保护和调整，以及调度通信等功能的一种综合性自动化系统。该系统之所以冠名综合自动化系统，是为了区别于以往只实现局部功能的变电站自动化系统，如常规保护加远方终端 RTU 构成的变电站自动化系统。

变电站综合自动化系统实际上就是由微机装置和后台控制系统所组成的变电站运行控制系统，包括监控、保护、自动控制等多个子系统。各子系统中又由多个智能电子装置（IED）组成，如微机保护子系统包含线路保护、变压器保护、电容器保护、母线保护等。智能电子装置（IED）的含义是：包含一个或多个处理器，可接收来自外部源的数据，向外部发送数据或进行控制的装置，如电子多功能仪表、数字保护、控制器等。

某 110kV 总降压站综自系统拓扑结构如图 1－1 所示。图中主机工作站硬件平台使用工控机、服务器或 PC 机，可选择组屏安装或独立放置于主控台，主机对采集来的数据进行分类和处理，实现各种应用功能，同时兼作监控系统的人机界面，实现运行人员对全站电气设备的运行监视和操作控制；110kV 线路和主变保护及测控装置分别组屏安装在控制室，10kV 保护测控一体化装置分散安装在开关柜上，完成各间隔的保护、测量和控制等功能；其他厂家保护装置使用协议转换装置（或者称为通信管理机）。

由此可见，变电站综合自动化系统是自动化技术、计算机技术和通信技术等在变电站的综合应用。变电站综合自动化系统可以采集到全变电站的实时数据和信息，利用计算机的高速分析计算能力和逻辑判断功能，方便直观地监视和控制变电站内各种设备的运行和

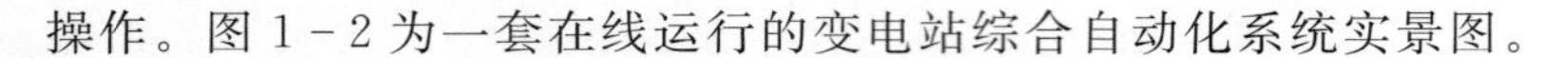

操作。图 1-2 为一套在线运行的变电站综合自动化系统实景图。

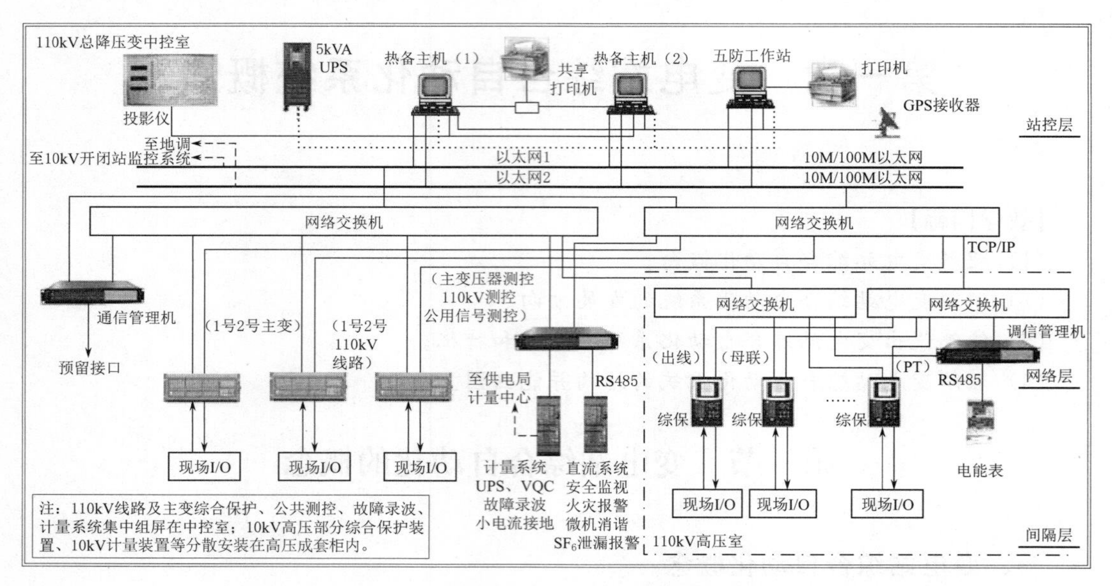

图 1-1　某 110kV 总降压站综自系统拓扑结构设计图

(a)　　　　(b)

图 1-2　在线运行变电站综合自动化系统

(a) 监控室；(b) 微机保护室

二、变电站综合自动化系统的基本特征

变电站综合自动化通过监控系统的局域网通信，将微机保护、微机自动装置、微机远动装置采集的模拟量、开关量、状态量、脉冲量及一些非电量信号，经过数据处理及功能的重新组合，按照预定的程序和要求，对变电站实现综合性的监视和控制。因此，综合自动化的核心是 SCADA（数据采集与监视控制系统），纽带是监控系统的局域通信网络，它将微机保护、微机自动装置、微机远动装置综合在一起形成一个具有远方数据通信功能的自动监控系统。变电站综合自动化系统的基本特征主要包括以下内容。

1. 系统功能综合化

变电站综合自动化系统综合了除交直流电源外的全部二次系统，这里的“综合”不是将变电站的功能进行简单地拼凑，不是简单的“1＋1”，而是功能的重新划分和性能指标的最优化。

2. 系统构成模块化和数字化

变电站综合自动化系统采用面向被控对象、模块化的设计，各功能模块如保护、控制、测量实现了微机化，并具有数字通信功能，以便通过通信网络将各模块连接起来，实现信息共享。模块化设计的另一优点是便于实现综合自动化系统的灵活组态，如按照变电站的实际出线按间隔配置，规模可大可小。

3. 系统结构分层、分布、分散化

综合自动化系统结构从功能上采用分层设计，分为间隔层和变电站层，每层功能实现微机化、数字化，各子系统按分布式结构设计，每个子系统可由多个 CPU 分别完成不同的功能。这样，综合自动化系统往往有几十个甚至更多的 CPU 同时并列运行，由庞大的 CPU 群构成了一个完整的、高度协调的综合（集成）系统，以实现变电站自动化的所有功能。

随着综合自动化系统的发展，间隔层装置将分散安装在开关柜上或距离一次设备较近的保护小间内，由此构成分散分布式综合自动化系统。

4. 操作监视屏幕化

变电站综合自动化系统的运用，使操作员通过彩色屏幕显示器即可完成对变电站的设备和输配电线路的监视和操作。此时，常规变电站的模拟屏被显示器上实时刷新的主接线图取代，把手控制操作被键盘鼠标操作取代，光字牌告警被计算机上的数字光字牌、文字提示及语音告警取代，指针显示被显示器的数字显示替代。从而，大大减少了操作员的工作量，也提高了变电站运行管理的水平。

5. 通信网络化

常规变电站用于传输设备信息的是传输模拟量或硬接点状态量的电缆，数量庞大，而综合自动化系统采用以传输串行数字信号用的少量通信电缆或光缆。计算机局域网络技术和光纤通信技术在综合自动化系统中的普遍应用使得施工更为简单，组态和扩容更为灵活。

6. 运行管理智能化

变电站综合自动化系统运行管理的智能化不仅表现在常规的自动化功能，如自动抄表，电压无功自动调压，小电流接地选线，故障隔离和恢复等方面，还体现在在线自动诊断、状态检修和智能告警上。简而言之，常规二次系统只能监测一次设备，而本身的故障必须靠维护人员去检查、发现，综合自动化系统不仅监测一次设备，还时刻检测自身是否有故障，这就体现了综合自动化系统的智能化。另外，状态监测技术的应用，可对一次设备的运行状态进行在线评估，由此设备维护和检修从常规的大小修转为按设备实际情况安排检修，针对性更强。

三、变电站综合自动化系统的发展趋势

目前，变电站综合自动化技术在我国的应用范围，由电力系统的主干网、城市供电

网、农村供电网扩展到企业供电网；电压等级由 0.4kV 到 1000kV，几乎覆盖了全部发输配电网络；技术涉及自动化控制、远动、通信、微机保护、计量、在线监测、信号等二次系统。所以，变电站综合自动化技术是一门新型的交叉学科。

虽然变电站综合自动化系统获得了良好的应用效果，但也有不足之处，主要体现在：一次和二次之间的信息交互还是采用传统的电缆接线模式，成本高，施工、维护不方便；二次的数据采集部分大量重复，浪费资源；信息标准化不够，信息共享度低，多套系统并存，设备之间，设备与系统之间互联互通困难，信息难以被综合应用；发生事故时，会出现大量的事件告警信息，缺乏有效的过滤机制，干扰值班运行人员对故障的正确判断。智能变电站的出现解决了变电站综合自动化系统的这些不足之处。

智能变电站是指信息采集、传输、处理、输出过程完全数字化的变电站，其基本特征为一次设备智能化，二次设备网络化，运行管理自动化等。

一次设备智能化是指采用数字输出的电子式互感器、智能开关（或配智能终端的传统开关）等智能一次设备。一次设备和二次设备间用光纤传输数字编码交换采样值、状态量、控制命令等信息。

二次设备网络化是指二次设备之间用通信网络交换模拟量、开关量和控制命令等信息，取消控制电缆。二次设备，如保护装置、防误闭锁装置、测量控制装置、远动装置、故障录波装置、电压无功控制、同期操作装置以及在线状态检测装置等全部基于标准化、模块化的微处理机设计制造，设备之间的连接全部采用高速的网络通信，二次设备不再出现重复的 I/O 现场接口，通过网络真正实现数据共享、资源共享，常规的功能装置在这里变成了逻辑的功能模块。

运行管理自动化的含义是电力生产运行数据、状态记录统计无纸化；数据信息分层、分流交换自动化；故障诊断自动化，故障时能即时提供故障分析报告，指出故障原因，提出故障处理意见；自动发出变电站设备检修报告，即常规的变电站设备由“定期检修”改变为“状态检修”。

智能变电站的发展离不开全世界唯一的《变电站网络通信标准（IEC 61850）》标准的制定。因为传统变电站自动化系统中广泛采用的是国际电工委员会（IEC）于 1997 年颁布的《继电保护信息接口配套标准》（IEC 60870—5—103）规约，在以太网和智能数字化设备迅速发展的今天，其缺陷日益明显，如没有定义基于以太网的通信规范，没有标准的系统功能、二次智能设备的模型规范，缺乏权威的一致性测试，不支持元数据传送，没有统一的命名规范。这些缺陷直接导致变电站自动化系统在建设过程中不同厂家设备之间互操作性较差，不同厂家设备之间互联需要规约转换设备，需要进行大量的信息对点工作，变电站自动化系统集成工作量增加，系统信息处理效率低下。

因此不难看到，随着变电站二次设备及系统的发展，设备一体化、信息一体化已成为必然的趋势，迫切需要一个统一的信息平台实现整个自动化系统。为了统一变电站通信协议，统一数据模型，统一接口标准，实现数据交换的无缝连接，实现不同厂家产品的互操作，减少数据交换过程中不同协议间转换时的浪费，IECTC57 组织制定了 IEC 61850——变电站通信网络和系统系列标准，并于 2004 年正式发布。

目前 IEC 61850 标准已被等同引用为我国电力行业标准（DL/T 860 系列），作为电力系统中从调度中心到变电站、变电站内、配电自动化无缝自动化标准，IEC 61850 的发展方向是实现“即插即用”，在工业控制通信上最终实现“一个世界，一种技术，一个标准”。

第二节 变电站综合自动化系统的基本功能

变电站综合自动化是多专业性的综合技术，它以微计算机为基础，实现了对变电站传统的继电保护、控制方式、测量手段、通信和管理模式的全面技术改造，实现了电网运行管理的一次变革。变电站综合自动化系统的基本功能主要体现在监控、微机保护、安全自动控制、远动及通信管理四大子系统。

一、监控子系统

监控系统的任务是完成一次设备的监视、控制、数据采集、事件顺序记录及显示、使值班人员把握安全控制、事故处理的主动性，减少和避免误操作，缩短事故停电时间，提高运行管理水平，减少变配电损失。

(一) 监控系统的基本功能

1. 实时数据的采集和处理

采集模拟量、状态量、电能量、数字量等变电站运行实时数据和设备运行状态，并将采集到的数据存入监控系统数据库供计算机处理使用。

采集的典型模拟量有各段母线电压，线路电流、电压和功率；主变电流、功率，电容器的电流、无功功率及频率、相位和功率因数。此外，还有主变的油温，变电站室温，直流电源电压，站用电电压和功率等。

采集的状态量有断路器的状态、隔离开关状态、有载调压变压器分接头位置、同期检查状态、保护动作信号、运行告警信号等，这些信号通过光电隔离输入计算机。

采集的电能量包括有功电能和无功电能，采集方法有电能脉冲计量法和软件计算法，今后的发展方向是采用智能型电度表。智能型电度表由单片机和集成电路构成，通过采样电压和电流，由软件计算出有功电能和无功电能，可分时统计并保存起来，供随时查看；也可通过智能型电度表的 RS-485/RS-422 串行接口，以问答式的通信方法将电能量以数字量形式传送到监控机；也可输出脉冲量供需要用脉冲计量电能的电能计量机用。

采集的数字量主要包括监控系统与保护系统通信直接采集的各种保护信号，如保护装置发送的测量值及定值、故障动作信息、自诊断信息、跳闸报告、波形等，全球定位系统（GPS）信息，通过与电能计费系统通信采集的电能量等。

2. 人机联系功能

监控系统人机联系的桥梁是显示器、鼠标和键盘。运维人员面对显示器、操作鼠标或键盘就可对整个变电站的运行情况和运行参数一目了然，还可对全站的断路器、隔离开关等进行分、合操作。

（1）显示器屏幕显示内容：

1）显示采集和计算的实时运行参数，如 U、I、P、Q、$\cos\varphi$、有功电能、无功电能及主变温度、系统频率等。

2）显示实时主接线图（图 1-3）。主接线图上断路器和隔离开关的位置要与实际状态相对应。对断路器或隔离开关进行操作时，在主接线图上对所操作的对象应有明显的标记（如闪烁等），各项操作都应有汉字提示。

3）事件顺序记录（SOE）显示，用途是显示所发生事件的内容及发生时间，如图 1-4 所示。

4）越限报警显示，用于显示越限设备名、越限值和越限时间。

5）值班历史记录。

6）历史趋势显示，用于显示主变负荷曲线、母线电压曲线等。

7）保护定值和自控装置定值显示。

8）其他，包括故障记录显示、设备运行状况显示等。

（2）输入数据：

变电站投入运行后，随着送电量的变化，保护定值、越限值等需要修改，甚至由于负荷的增长，需要更换原有的设备，如更换 CT 变比。因此，在人机联系中，须有输入数据的功能。需要输入的数据至少有 CT、PT 变比，保护定值和越限报警定值，自控装置的定值，运行人员密码。

3. 运行监视和报警功能

运行监视指对变电站的运行工况和设备状态进行自动监视，具体指对变电站各状态量变位情况的监视和各模拟量的数值监视。

报警处理有两种方式，一种是事故报警，另一种是预告报警。事故报警包括非操作引起的断路器跳闸、保护装置动作跳闸或偷跳信号；预告报警一般包括设备变位，状态异常信息，模拟量越限，计算机站控系统的各个部件状态异常，间隔层单元的状态异常等。报警画面如图 1-5 所示。

报警方式主要有自动推出画面、报警行、音响提示、闪光报警、信息操作提示（如控制操作超时）等。

4. 操作控制功能

运维人员通过显示器屏幕可对断路器和隔离开关进行分、合闸操作；可对变压器分接头进行调节控制；可对电容器组进行投、切操作；可接受遥控操作命令，进行远方操作。所有的操作控制均能实现就地和远方控制，就地和远方切换相互闭锁，自动和手动相互闭锁。

监控系统对操作人、监护人和管理员等设有专用的密码，以实现按权限进行分层（级）操作和控制，如图 1-6 所示。

5. 数据处理和记录功能

数据处理的主要内容是历史数据的形成和存储，其目的是满足继电保护专业和变电站管理的需要，主要体现在数据统计功能，可对电压、电流、功率因数等参数进行时统计、

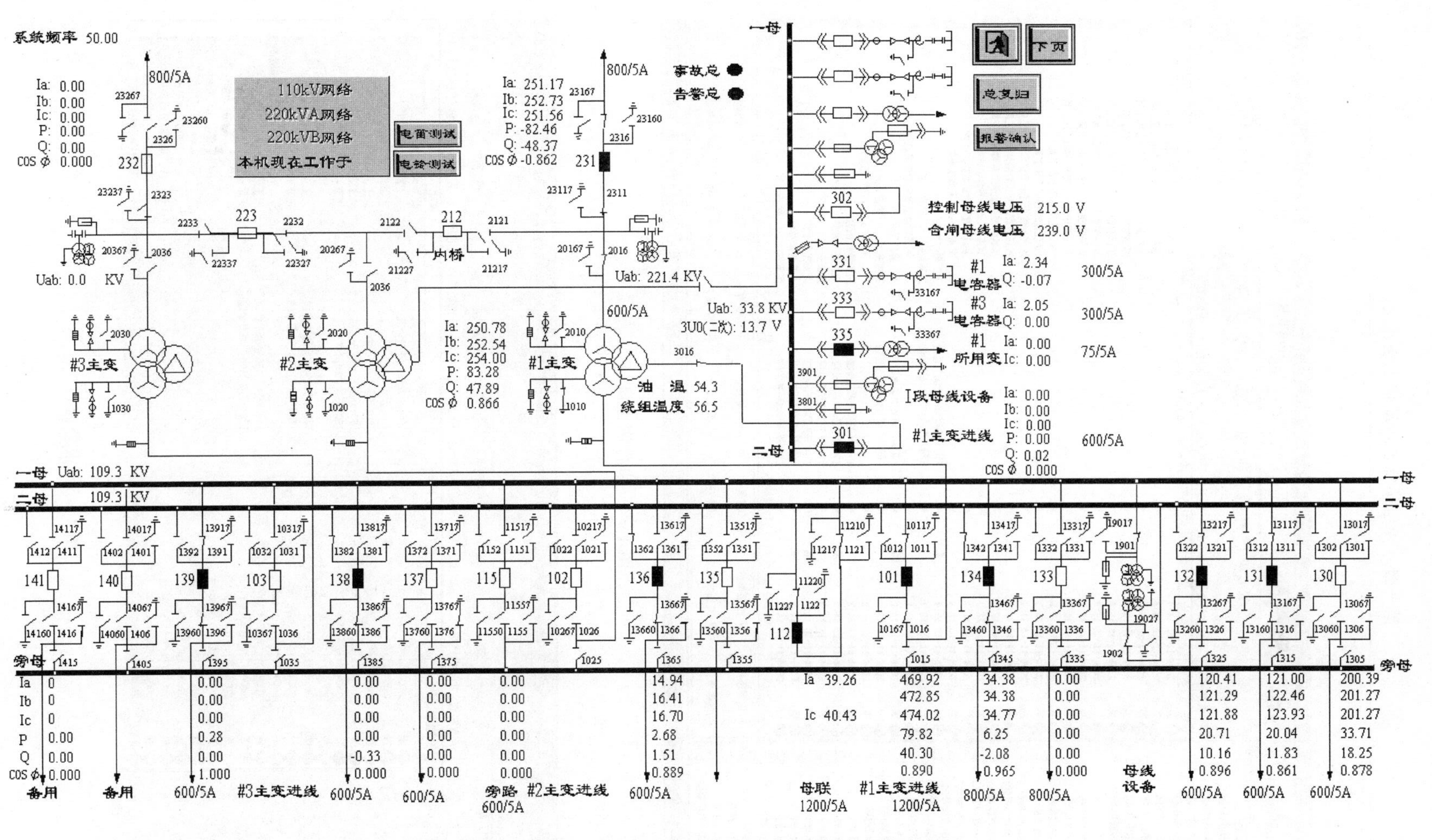

图 1-3 某变电站综合自动化系统实时监视与操作主界面

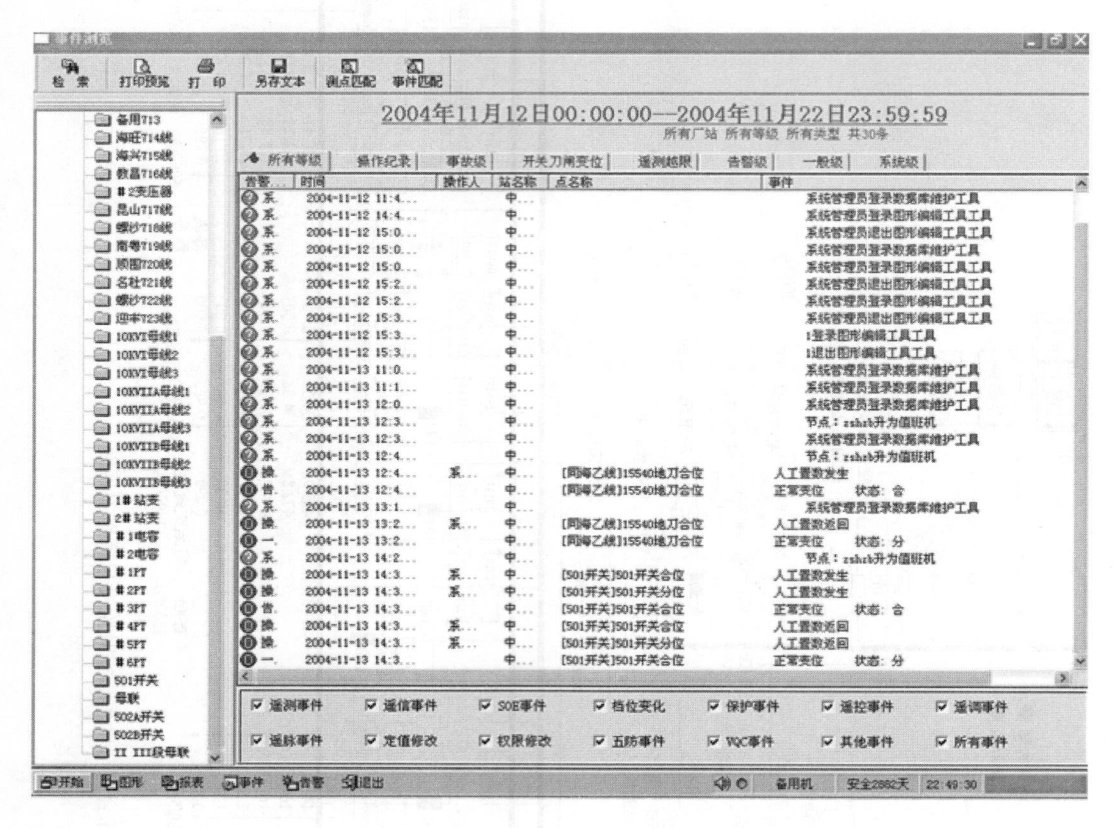

图 1-4　事件浏览窗口

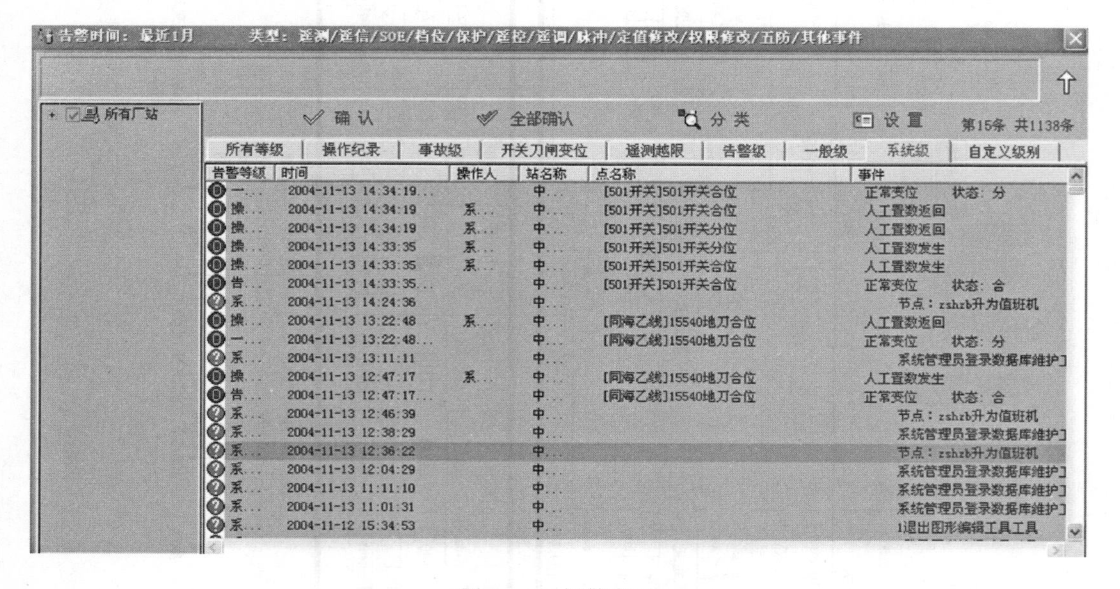

图 1-5　报警窗口

日统计、月统计，如主变和输电线路有功功率和无功功率每天的最大值和最小值以及相应的时间，母线电压每天的最高值和最低值以及相应时间，统计断路器动作次数；控制操作和修改定值记录等。

6. 事故顺序记录与追忆功能

事故顺序记录是对保护装置、自动装置、断路器等在事故时动作先后顺序的自动记录，记录事件发生的时间应精确到毫秒级，自动记录的报告可在显示器上显示和打印。

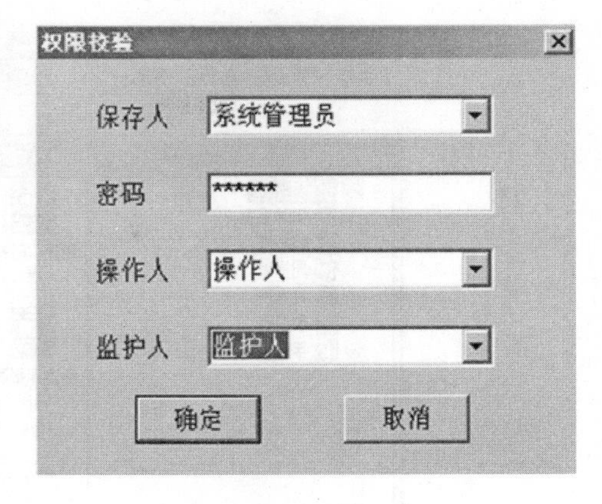

图 1-6　权限校验窗口

事故追忆是对变电站内的一些主要模拟量，如线路及主变各侧的电流，主要母线电压等在事故前后一段时间内进行连续的测量和记录，便于分析和处理事故。

7. 故障录波和测距功能

110kV 及以上的重要输电线路发生故障时影响大，但因距离远，查找故障点变得非常困难，不利于及时检修和尽快恢复供电，配备故障录波和测距功能后就解决了这一问题。

故障录波和测距可通过两种方式实现：一种是采用分散在微机保护装置中的录波插件，完成故障记录和测距功能，再将记录和测距的结果送至监控机存储及打印或直接送至调度主站；另一种方法是采用专用的微机故障录波器，集中进行故障记录，并通过串行通信接口将数据送往监控系统。

8. 制表打印功能

监控系统配备打印机，可完成定时打印报表和运行日志、开关操作记录打印、事件顺序记录打印、越限打印、召唤打印、抄屏打印和事故追忆打印等功能。某监控系统报表功能窗口如图 1-7 所示。

9. 运行技术管理功能

运行技术管理内容主要有：变电站主要设备的技术参数档案表，各主要设备故障、检修记录，断路器的动作次数记录，微机保护和自动装置的动作记录及运行需要的各种记录、统计等。

10. 自诊断和自恢复功能

系统自诊断是指监控系统能在线诊断系统全部软件和硬件的运行工况，当发现异常及故障时能及时显示和打印报警信息，并在运行主接线图上用不同颜色区分显示。系统自诊断的内容包括各工作站、测控单元、电源故障、网络通信及接口设备故障、软件运行异常和故障、远动通信故障等。

系统自恢复是指：当软件运行异常时，自动恢复正常运行；当软件发生死锁时，自启动并恢复正常运行；当系统发生软硬件故障时，备用设备能自动切换。

（二）监控系统的结构

监控系统的硬件由变电站层硬件设备、间隔层硬件设备和远动接口设备组成，如图 1-8 所示。

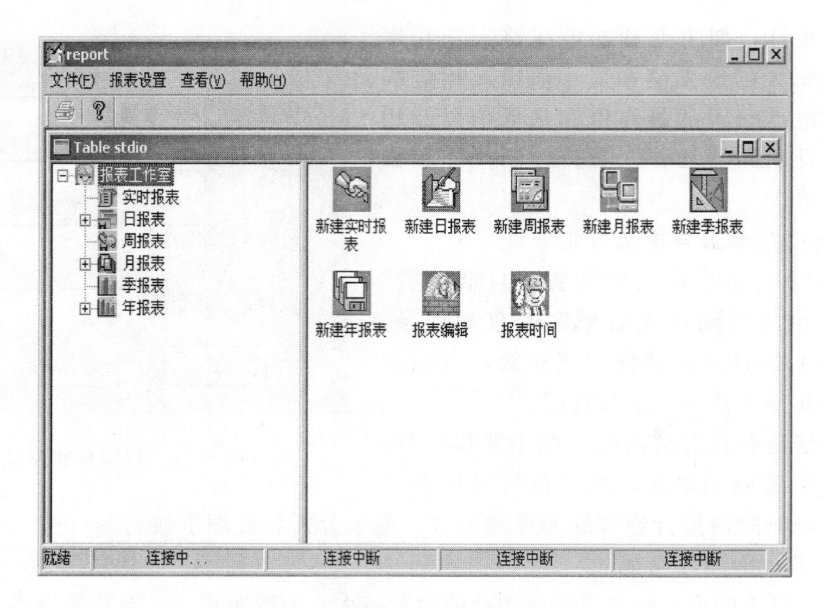

图 1-7　报表设置窗口

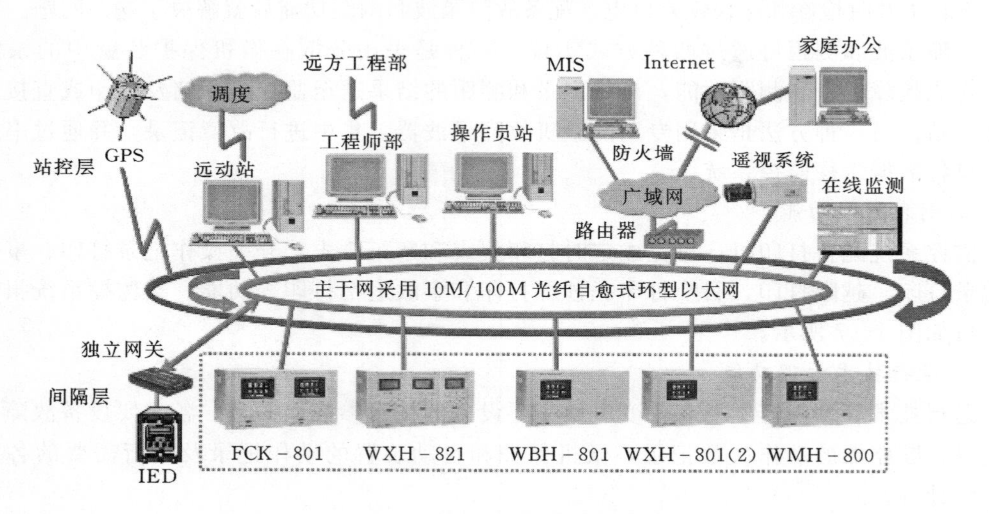

图 1-8　监控系统硬件构成

监控系统软件由操作系统、支撑软件和应用软件等几部分组成，如图 1-9 所示。

1. 系统软件

变电站层计算机系统软件应采用最新标准版本的完整的具有自保护能力的多任务操作系统，它应包括操作系统生成包、编译系统、诊断系统以及各种软件维护、开发工具等。

2. 支撑软件

支撑软件主要包括数据库系统和过程监控组态系统。工作站可根据自身的要求，在一级数据库中选取所需数据，并进行某些归并，建立用户数据库。数据库的数据类型应满足系统各种功能的需要，数据库的容量应满足变电站最终规模的要求，并留有较大裕度。

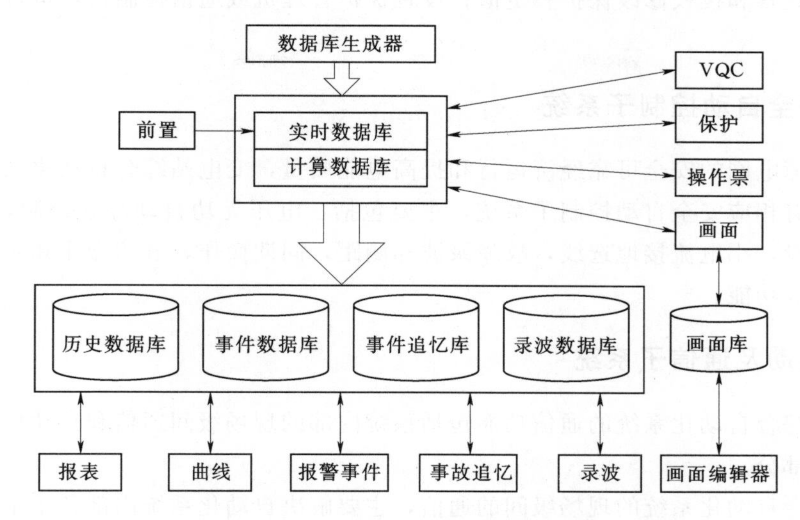

图 1-9　监控系统软件构成

系统组态软件用于画面编辑、数据生成，应满足系统各项功能的要求，为用户提供交互式的、面向对象的、方便灵活的、易于掌握的、多样化的组态工具，应提供一些类似宏命令的编程手段和多种实用函数，以便扩展组态软件的功能，用户能很方便地对图形、曲线、报表、报文进行在线生成、修改。

3. 应用软件

应用软件应满足综合自动化系统的所有功能要求，它应具有模块化的特点，具有出错测试能力。当其中一个功能软件运行不正常时，应有错误提示信息，便于值班人员查看，且不应影响其他功能软件的运行；程序和数据在结构上相互独立，当系统扩大时，不需要修改程序和重组软件。

应用软件包括数据采集软件、数据处理软件、报警与事件处理软件、人机界面处理软件、数据库接口和控制软件。

4. 通信接口软件

通信接口软件主要包括与微机保护装置的通信接口软件，与微机防误操作闭锁装置的通信接口软件，与继电保护管理子系统的通信接口软件，与各级调度中心的通信接口软件、与电能计量系统的通信接口软件，与安全自动装置的通信接口软件，与智能直流系统的通信接口软件，与火灾报警及消防系统的接口软件等。

二、微机保护子系统

微机保护应包括全变电站主要设备和输电线路的全套保护，具体包括高压输电线路的主保护和后备保护，主变压器的主保护和后备保护，无功补偿电容器组的保护，母线保护，配电线路的保护。

微机保护的工作不受监控系统和其他子系统的影响，具有故障记录功能，与统一时钟对时功能，通信功能，故障自诊断、自闭锁和自恢复功能；存储多种保护整定值，可当地显示与多处观察和授权修改保护整定值；设置保护管理机或通信控制机，负责对各保护单元的管理。

三、安全自动控制子系统

为了保障电网的安全可靠经济运行和提高电能质量，变电站综合自动化系统中根据不同情况设置有相应安全自动控制子系统，主要包括：电压无功自动综合控制，低周减载，备用电源自投，小电流接地选线，故障录波和测距，同期操作，五防操作和闭锁，声音图像远程监控等功能。

四、远动及通信子系统

变电站综合自动化系统的通信功能包括系统内部的现场级间通信和自动化系统与上级调度通信两部分。

（1）综合自动化系统的现场级间的通信，主要解决自动化系统内部各子系统与上位机（监控主机）间的数据通信和信息交换问题，通信范围是变电站内部。

（2）综合自动化系统与上级调度间的通信，是将变电站所采集的模拟量和开关状态信息，以及事件顺序记录等远传至调度端；同时接收调度端下达的各种操作、控制、修改定值等命令，即完成传统 RTU（远方终端装置）全部四遥功能。

通信规约必须符合部颁的规定，目前最常用的有 101/104 规约。

第三节　变电站综合自动化系统的结构形式

变电站综合自动化系统的结构形式由早期的集中式发展为目前的分层分布式。在分层分布式结构中，按照保护与测控装置安装的位置不同，分为集中组屏、分散安装、分散安装与集中组屏相结合等类型，而完全分散式结构是今后的发展方向。

一、集中式综合自动化系统

集中式结构的综合自动化系统，指采用不同档次的计算机，扩展其外围接口电路，集中采集变电站的模拟量、开关量和数字量等信息，集中进行计算与处理，分别完成微机监控、微机保护和一些自动控制等功能，如图 1-10 所示。

需要指出的是，集中式结构并非指由一台计算机完成保护、监控等全部功能。多数集中式结构的微机保护、微机监控、与调度通信等功能也是由不同的微机完成的，只是每台微机承担的任务多一些。这种结构形式的综合自动化系统是按变电站的规模来配置相应容量、功能的微机保护装置和监控主机及数据采集系统，组态不灵活。

集中式结构的缺点是：每台计算机的功能较集中，如果一台计算机出故障，影响面大；软件复杂，修改工作量大，系统调试麻烦；组态不灵活，影响了批量生产，不利于推广；集中式保护与长期以来采用一对一的常规保护相比，不直观，不符合运行和维护人员的习惯，调试和维护不方便，程序设计麻烦，只适合于保护算法比较简单的

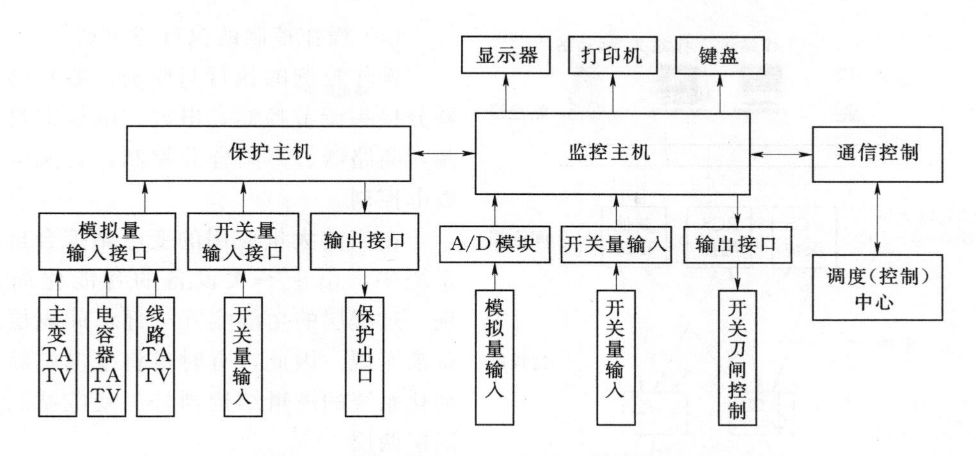

图 1-10　集中式结构的综合自动化系统框图

情况。

二、分层（级）分布式综合自动化系统

由于集中式综合自动化系统存在许多不足，随着计算机技术和网络通信技术在变电站综合自动化系统中应用，出现了目前广泛采用的分层分布式综合自动化系统。

（一）分层分布式结构的概念

所谓分层式结构，是指将智能变电站信息的采集和控制从逻辑上分为过程层、间隔层和站控层三个级分层布置。过程层又称为 0 层或设备层，间隔层又称 1 层或单元层，站控层又称 2 层或变电站层。对于常规站来说，变电站综合自动化系统则包括站控层和间隔层两层。

“分布”体现在“功能的分布化”上，也就是对智能电子设备 IED 的设计理念上由集中式自动化系统中的面向厂、站转变为面向对象（如一次设备的一个间隔）。分布式结构中多个 CPU 并行工作，各 CPU 之间采用网络技术或串行方式实现数据通信，方便系统扩展和维护，局部故障不影响其他模块正常运行 。图 1-11 为面向间隔的分层分布式结构示意图。

1. 过程层设备

过程层是一次设备与二次设备的结合面，或者说过程层是指智能化电气设备的智能化部分，实际上是指与变电站一次设备断路器、隔离开关和电流互感器 CT、电压互感器 PT 的接口设备。

过程层的主要功能是：

（1）实时的电气量检测。

主要是电流、电压、相位以及谐波分量的检测。

（2）运行设备的状态参数检测。

变电站需要进行状态参数检测的设备主要有变压器、断路器、隔离开关、母线、电容器、电抗器和直流电源系统，在线检测的内容主要有温度、压力、密度、绝缘、机械特性及工作状态等数据。

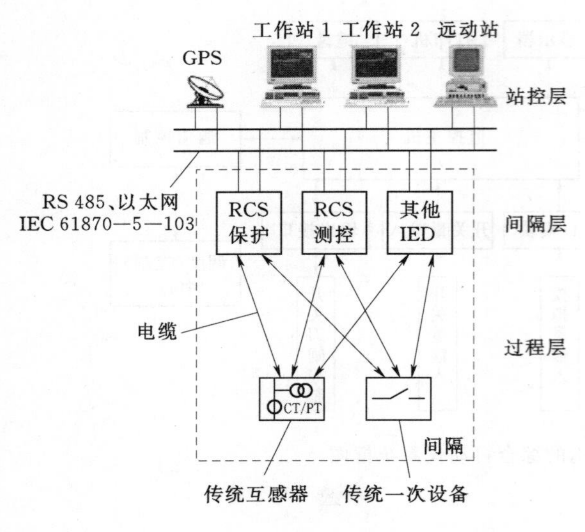

图 1-11　分层分布结构示意图

(3) 操作控制的执行与驱动。

操作控制的执行与驱动内容包括变压器分接头调节控制，电容、电抗器投切控制，断路器、刀闸合分控制，直流电源充放电控制。

在当前大量应用的变电站综合自动化系统中，由于一次设备的智能化尚未实现，过程层的功能实际全部由间隔层的设备来实现。因此，有时也将变电站综合自动化系统的逻辑结构划分为变电站层和间隔层两层。

2. 间隔层设备

间隔层按一次设备组织，一般按断路器的间隔划分，具有测量、控制和保护功能。间隔层的设备主要有各种微机保护装置、测控装置、保护测控装置、电能计量装置及各种自动装置，它们都被看做是智能电子装置 IED。

间隔层设备的主要功能是：汇总本间隔过程层实时数据信息；实施对一次设备保护控制功能；实施本间隔操作闭锁功能；实施操作同期及其他控制功能；对数据采集、统计运算及控制命令的发出具有优先级别的控制；承上启下的通信功能，即同时高速完成与过程层及站控层的网络通信功能。

3. 站控层设备

站控层包括监控主机、远动通信机等设备。在大型变电站内，站控层的设备要多一些，除了通信网络外，还包括 1～2 个监控工作站，1～2 个远动工作站、工程师站等；在中小型变电站内，站控层的设备少一些，通常由 1 台或 2 台互为备用的计算机完成监控、远动及工程师站的全部功能。

站控层的主要功能：

(1) 通过两级高速网络汇总全站的实时数据信息，不断刷新实时数据库，按时登录历史数据库。

(2) 按既定规约将有关数据信息送向调度或控制中心。

(3) 接收调度或控制中心有关控制命令并转间隔层、过程层执行。

(4) 具有在线可编程的全站操作闭锁控制功能。

(5) 具有（或备有）站内当地监控的人机联系功能，如显示、操作、打印、报警和实现视频、声音等多媒体功能。

(6) 具有对间隔层、过程层诸设备的在线维护、在线组态、在线修改参数的功能。

(7) 具有（或备有）变电站故障自动分析和操作培训功能。

(二) 分层分布式变电站综合自动化系统的组屏及安装方式

这里所说的组屏及安装方式是指将间隔层各 IED 及站控层各计算机以及通信设备如

何组屏和安装。在分层分布式变电站综合自动化系统中，站控层的各主要设备都布置在主控室内；间隔层中的电能计量单元和根据变电站需要而选配的备用电源自动投入装置、故障录波装置等公共单元均分别组合为独立的一面屏柜或与其他设备组屏，也安装在主控室内；间隔层中的各IED通常根据变电站的实际情况安装在不同的地点。按照间隔层中各IED的安装位置，综合自动化系统有以下三种不同的组屏和安装方式。

1. 集中组屏

集中组屏是将间隔层中各保护测控装置机箱根据其功能分别组装为变压器保护测控屏、各电压等级线路保护测控屏等多个屏柜，并且把这些屏柜都集中安装在变电站的主控室内，如图1-12所示。

图1-12　集中组屏结构形式

集中组屏的优点是便于设计、安装、调试和管理，可靠性也较高。主要缺点是安装时需要的控制电缆相对较多，增加了电缆投资。这是因为一次设备的运行状态参数须通过电缆送到主控室各个屏柜的保护测控装置，而保护测控装置发出的控制命令也须通过电缆送到各间隔断路器的操作机构。

2. 集中组屏与分散安装相结合

这种安装方式是将10～35kV馈线的保护测控一体化装置分散安装在所对应的开关柜上，而将高压线路和主变保护、测控装置及其他自动装置采用集中组屏安装在控制室内，如图1-13所示。

将馈线保护测控一体化装置就地安装在开关柜上可大量节约二次电缆，而对于高压线路和主变的保护、测控及其他重要的装置来说，因集中组屏安装在环境较好的控制室，可靠性较高。因此，这种安装方式在我国比较常用。

3. 全分散式

全分散安装方式是将间隔层中所有间隔的保护测控装置，包括低压配电线路、高压线路和主变等间隔的保护测控装置均分散安装在开关柜上或距离一次设备较近的保护小间内，各装置只通过通信电缆与主控室的变电站层设备进行信息交换。全分散式结构如图1-14所示，图1-15为保护小间的实景图。

由于各保护测控装置安装在一次设备附近，大大缩小了控制室的面积，节省了大量连接电缆，也减少了施工和设备安装工程量。随着电子式互感器和光纤通信技术的发展，全分散式结构是变电站综合自动化系统的发展方向。

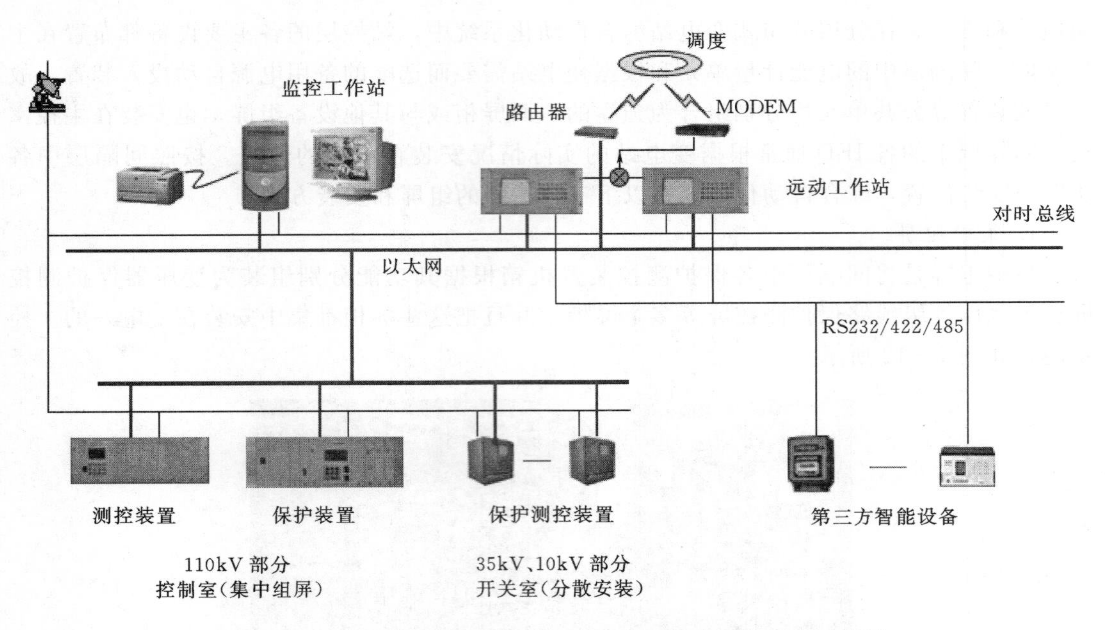

图 1-13 集中组屏与分散安装相结合的综合自动化系统结构图

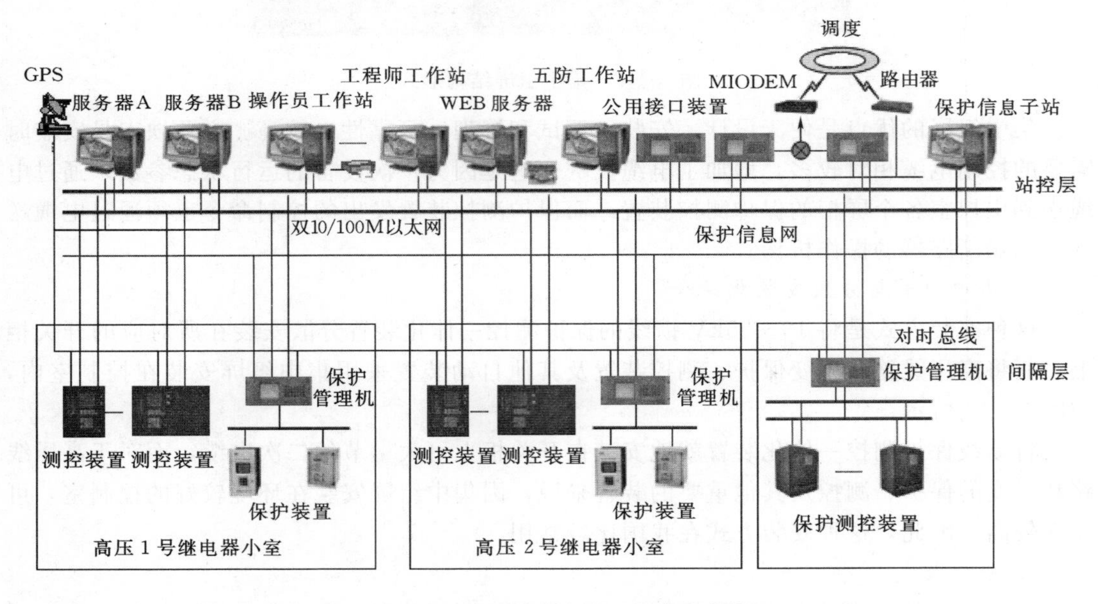

图 1-14 全分散式综合自动化系统结构图

本 章 小 结

本章主要介绍了变电站综合自动化的概念，变电站综合自动化系统的基本特征、基本功能、结构及发展方向。

(a)

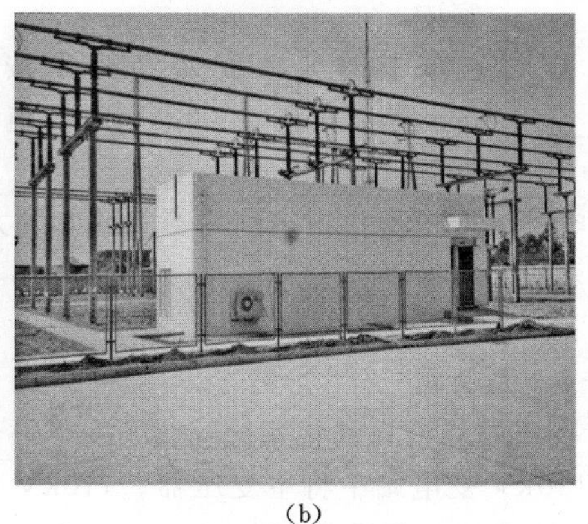
(b)

图 1-15　保护小室
(a) 某 500kV 保护小室；(b) 某 220kV 保护小室

变电站综合自动化系统是指将变电站的二次设备（包括控制、信号、测量、保护、自动装置、远动等）利用计算机技术、现代通信技术、现代电子技术和信号处理技术，通过功能组合和优化设计，实现对全变电站的主要设备和输配电线路的自动监视、测量、控制、保护和调整，以及与调度通信等功能的一种综合性自动化系统。

变电站综合自动化系统的基本功能主要体现在监控、微机保护、安全自动控制、远动及通信管理四大子系统。

变电站综合自动化系统的结构形式由早期的集中式发展为目前的分层分布式。在分层分布式结构中，按照保护与测控装置安装的位置不同，分为集中组屏、分散安装、分散安装与集中组屏相结合等类型，而完全分散式结构是今后的发展方向。

变电站综合自动化系统的发展方向是智能变电站。智能变电站是指信息采集、传输、处理、输出过程完全数字化的变电站，其基本特征为一次设备智能化、二次设备网络化、运行管理自动化等。

【习　题】

1-1　填空题

1. 综合自动化系统的主要功能有__________、__________、__________和__________。

2. 在变电站综合自动化系统中，需要采集的信息类型很多，从它们的性质来说，可以分为________、________和________。

3. 变电站综合自动化系统是________、________和________等高科技在变电站领域的综合应用。

4. 变电站综合自动化系统的结构已由早期的________发展成目前的________。

5. 分层分布中的集中组屏结构是按________为对象，把单元层设备集中组屏安装在＿＿＿＿＿室中。

6. 分层分布中的分散安装结构是按间隔为对象，把＿＿＿＿＿、＿＿＿＿＿、＿＿＿＿＿一体化装置安装在＿＿＿＿＿柜中。

1-2 选择题

变电站综合自动化系统结构形式的发展方向是（ ）。

A 集中式结构形式　　B 分层分布式结构形式

C 分布分散式结构形式　　D 全分散式结构形式

1-3 判断题

1. 变电站综合自动化系统综合了变电站全部二次设备。（ ）

2. 110kV 变电站中将主变压器、110kV 线路的单元设备分散安装在配电装置中，而将 10kV 线路的单元设备集中组屏与主机安装在主控制室内，这就是分散安装与集中组屏相结合的结构。（ ）

3. 用于中低电压系统的测控单元可将数据采集、测量和监控功能并入微机保护装置中构成保护测控一体化装置。（ ）

4. 集中式结构的主要特点是集中采集变电站的模拟量、开关量和数字量等信息，集中进行计算与处理。（ ）

5. 基于晶体管、集成电路等电子技术的电力系统测量、保护和自动装置通过功能组合和优化设计，可构成综合自动化系统。（ ）

6. 计算机技术和现代通信技术是实现变电站综合自动化的支撑技术。（ ）

7. 集中组屏结构因需要用的二次电缆较多，一般适用于小型变电站的综合自动化系统。（ ）

1-4 名词解释

1. 变电站综合自动化

2. 智能电子设备 IED

3. 分层分布

1-5 简答题

简要画出分散与集中相结合的综合自动化系统结构形式，并说明什么是分散安装和集中组屏。

第二章　变电站综合自动化系统的配置

【教学目标】

（1）能分析说明变电站综合自动化系统的分层配置。

（2）比较110kV、220kV和500kV变电站综合自动化系统，能分析说明综合自动化系统配置的相同和不同之处。

（3）理解数字化变电站及其与变电站综合自动化系统的区别。

（4）能说出数字化变电站的配置。

（5）掌握变电站综合自动化系统设计内容及方法。

由于变电站综合自动化系统正朝数字化变电站发展，本章除介绍变电站综合自动化系统的配置外，还介绍了数字化变电站的配置，以便于读者对变电站综合自动化系统更深入地了解。

变电站综合自动化系统的配置，与变电站一次系统的电压等级、主变台数、进出线多少及变电站重要程度等因素有关。本章分别讲述了110kV变电站、220kV变电站和500kV变电站的综合自动化系统配置，以及相应电压等级的数字化变电站典型配置。

第一节　变电站综合自动化系统的配置层次

变电站综合自动化系统宜由站控层和间隔层两部分组成，并用分层、分布、开放式网络系统实现连接，且站控层设备发生故障而停运时，不能影响间隔层的正常运行。

一、间隔层

间隔层由测控装置、保护装置、间隔层网络设备以及与站控层网络的接口设备等构成，完成面向单元设备的保护、监测和控制等功能。间隔层在站内按间隔分布式配置，任一装置故障或退出都不应影响系统的正常运行。

二、站控层

站控层由计算机网络连接的系统主机及操作员站和各工作站等设备构成，提供站内运行的人机联系界面，实现管理控制间隔层设备等功能，形成全站监控、管理中心，并可与调度中心和集控站通信。站控层的设备宜集中布置。

站控层设备包括主机/操作员站、远动工作站、保信子站（继电保护及故障录波信息子站）、五防主机、智能接口设备及网络设备等。站控层设备应集中布置于主控室内，用于连接主控室内保护和测控装置的网络交换机及规约转换器也应独立组屏布置于主控室。

主机/操作员站是站内自动化系统的主要人机界面，具有主处理器及服务器的功能，是站控层数据收集、处理、存储及发送的中心，管理和显示有关的运行信息，供运行人员对变电站的运行情况进行监视和控制。

保信子站（继电保护及故障录波信息子站）应能在正常和电网故障时，采集、处理各种所需信息，并充分利用这些信息，为继电保护运行、管理服务，为分析、处理电网故障提供支持。该子站具备多路数据转发的能力，能够通过网络通道向多个调度中心进行数据转发。

远动工作站主要完成本地变电站与远方控制中心之间的通信，采用直采直送方式，收集全站测控装置、保护装置等设备的数据，通过网络上传至调度中心/集控站，并能将调度中心/集控站下发的遥控、遥调命令向变电站间隔层设备转发。远动工作站应双机配置，应能根据运行需求设置为双主机或热备用工作方式。

五防子系统主要包含五防主机、五防软件、电脑钥匙、充电通信控制器、编码锁具等，实现面向全站设备的综合操作闭锁功能。五防子系统应与变电站自动化系统一体化配置，五防软件应是变电站自动化系统后台软件的一个有机组成部分。五防主机的主要功能是对遥控命令进行防误闭锁检查，自动开出操作票，确保遥控命令的正确性。另外，五防主机通常还配置编码/电磁锁具，确保手动操作的正确性。

智能接口设备的作用是为站内其他规约的设备提供通信规约转换。

第二节 变电站综合自动化系统的典型配置

110kV 变电站综合自动化系统的典型配置如图 2-1 所示，220kV 变电站综合自动化系统的典型配置如图 2-2 所示，500kV 变电站综合自动化系统的典型配置如图 2-3 所示。

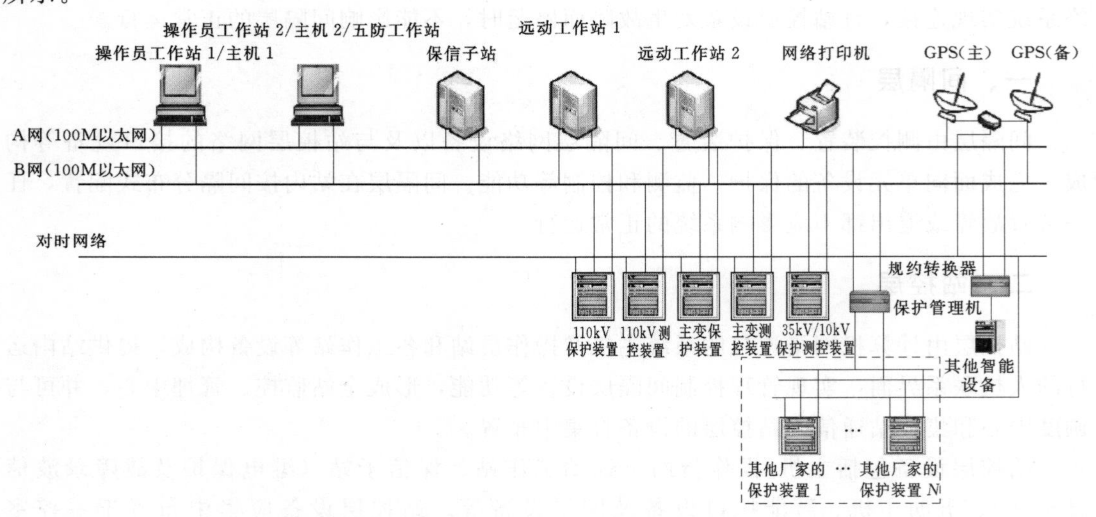

图 2-1 110kV 变电站综合自动化系统典型配置图

比较图 2-1 和图 2-2 可以看出，全站监控双网采用 100M 以太网作为通信网络，采用冗余通信网络结构，双网同时进行数据通信；主机和操作员站在硬件上合并设置，并采用双机互为热备用；220kV 变电站应独立配置 1 台五防主机，110kV 变电站不设置独立五防主机；220kV 变电站除监控双网外，还包括保护故障及信息子网；220kV 变电站保信子站采用双机，互为热备用。

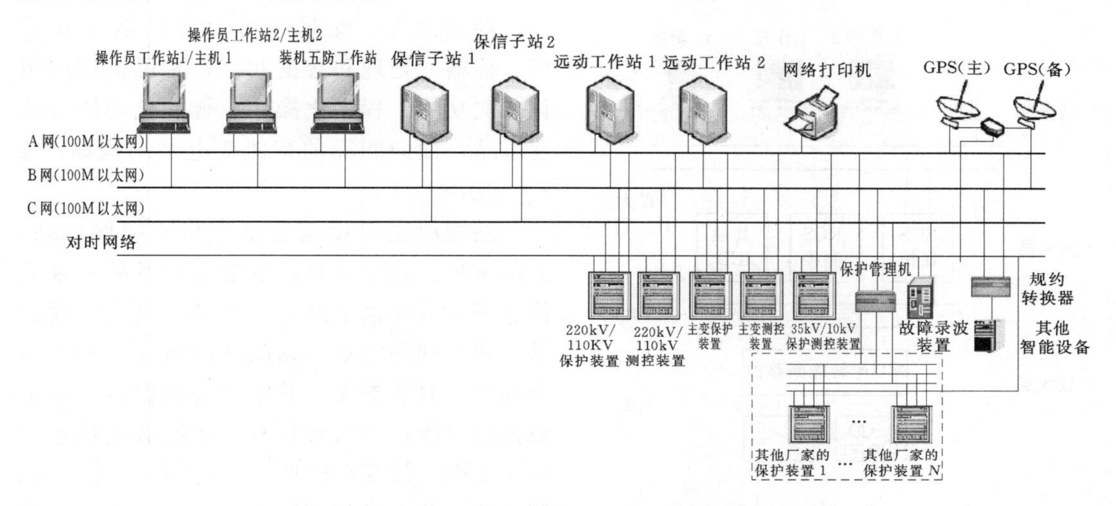

图 2-2　220kV 变电站综合自动化系统典型配置图

图 2-3 中，500kV 变电站主机采用 2 台，互为热备用；操作员站配置 2 台，操作员站间应能实现相互监视操作的功能；保信子站双机配置，互为热备用；全站采用 100M 以太网作为通信网络，并采用冗余通信网络结构，双网同时进行数据通信；合理划分子网，每一继电器小室可设一子网；远动工作站双机配置，双主机或热备用工作方式；五防机独立配置。

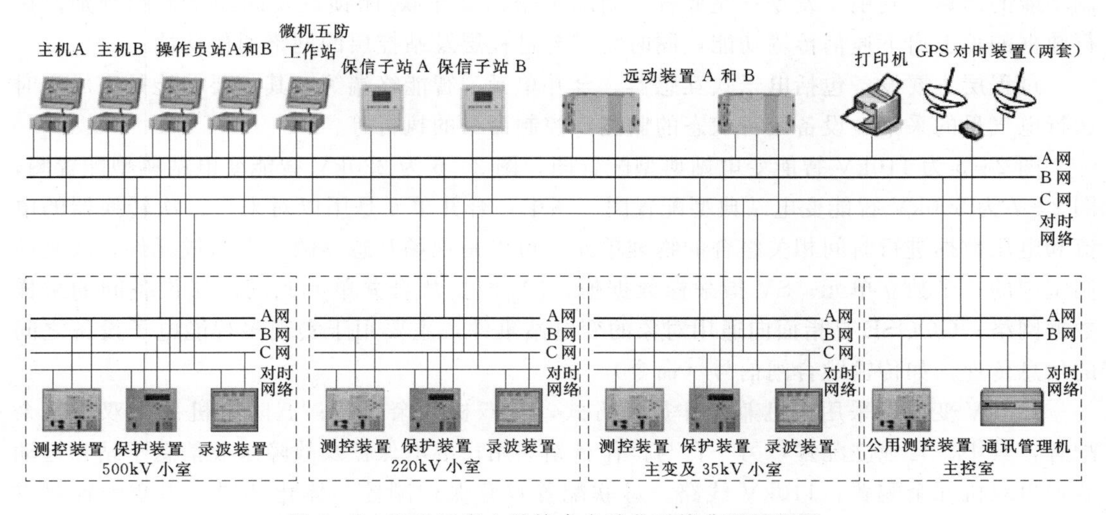

图 2-3　500kV 变电站综合自动化系统典型配置图

第三节　智能变电站的典型配置

智能变电站从结构上也分为站控层、间隔层、过程层。只是过程层是采用电子式互感器等具有数字化接口的智能一次设备，且以网络通信平台为基础，实现了变电站监测信号、控制命令、保护跳闸命令的数字化采集、传输、处理和数据共享，是可实现网络化二次功能、程序化操作、智能化功能等的变电站，面向间隔的智能变电站结构如图2-4所示。

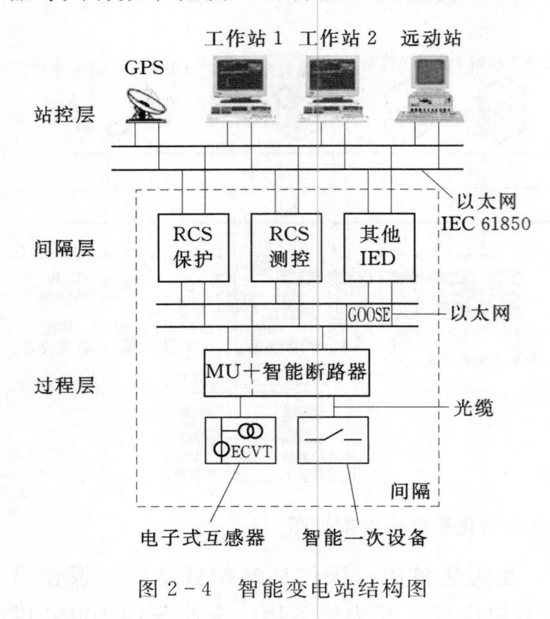

图2-4　智能变电站结构图

站控层主要设备包括主机、操作员站、五防主机、远动装置、继电保护及故障录波信息子站（保信子站）等设备。其主要功能是：通过网络汇集全站的实时数据信息，不断刷新实时数据库，并定时将数据转入历史数据记录库；按需要将有关实时数据信息送往调度端；接受电网调度或控制中心的控制调节命令并下发到间隔层、过程层执行；具有全站操作闭锁控制功能和站内当地监控、人机联系功能；具有对间隔层、过程层二次设备的在线维护、参数修改等功能。

间隔层主要设备包括各种保护装置、测控装置、故障录波装置、安全自动装置、电能表等，其主要功能是各个间隔层实时数据信息的汇总；完成各种保护、自动控制、逻辑控制功能的运算、判别、发令；完成各个间隔及全站操作联/闭锁以及同期功能的判别；执行数据的承上启下通信传输功能，同时完成与过程层及站控层的网络通信功能。

过程层主要设备包括电子式互感器、合并单元、智能终端等，其主要功能是完成实时运行电气量的采集，设备运行状态的监测，控制命令的执行等。

图2-5为110kV智能变电站典型配置图，图2-6为220kV智能变电站典型配置图，图2-7为500kV智能变电站典型配置图。图中，合并单元是用以对来自二次转换器的电流和电压数据进行时间相关组合的物理单元，可以是现场互感器的一个组成元件，或是控制室中的一个独立单元；SV指采样数据值，SV网指从合并单元到间隔层设备间的采样数据网络；GOOSE是指面向通用对象的变电站事件，主要用于实现多智能电子设备之间的信息传递，如传输跳合闸信号（命令）。

110kV变电站采用主机兼操作员站方式，且双机冗余配置；五防主机采用双机冗余配置，其中一台独立配置，另一台与操作员站共用；继电保护及故障录波信息子站和远动装置也双机冗余配置；110kV线路、母联配置双套保护测控一体化装置；主变配置双重化主后保护测控一体化装置和一套非电量保护测控一体化装置，且非电量保护下放本体安装；10kV配置单套保护测控一体化装置。

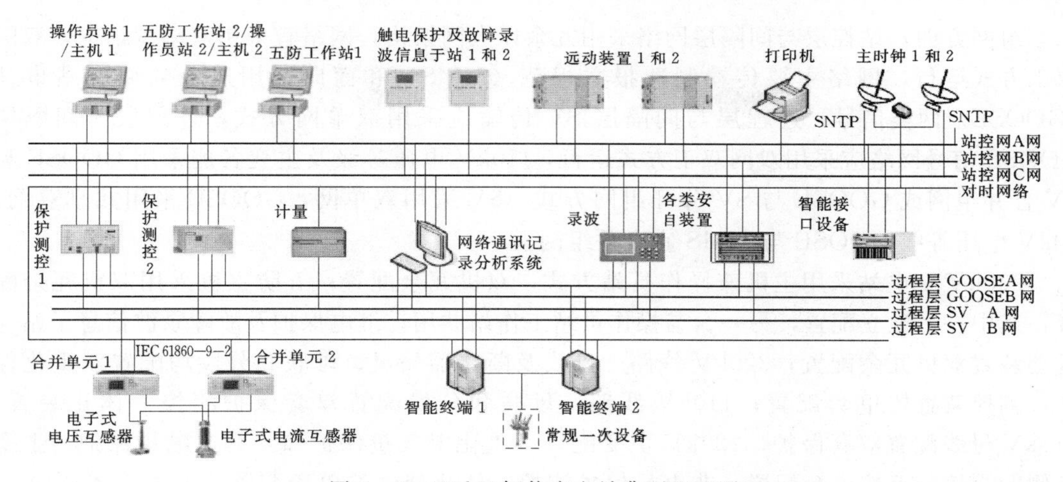

图2-5　110kV智能变电站典型配置图

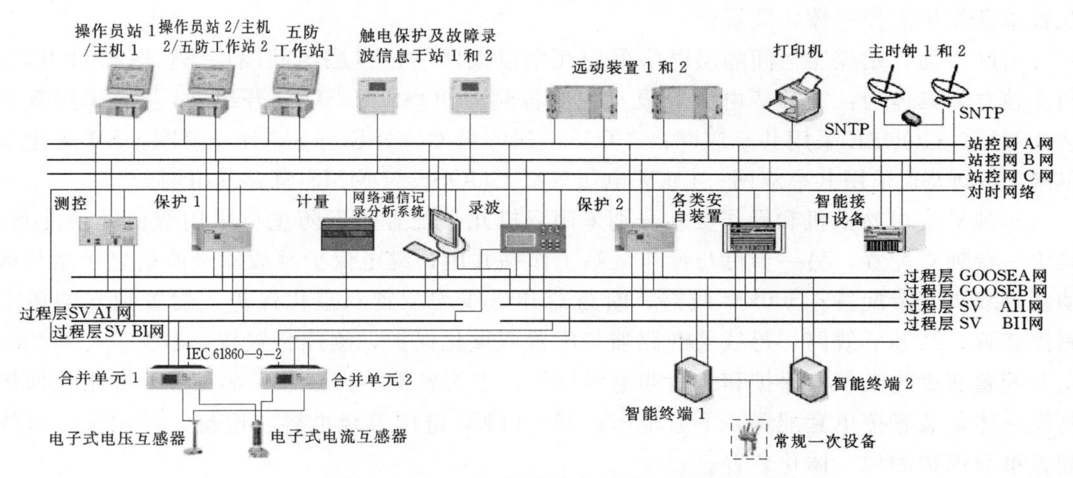

图2-6　220kV智能变电站典型配置图

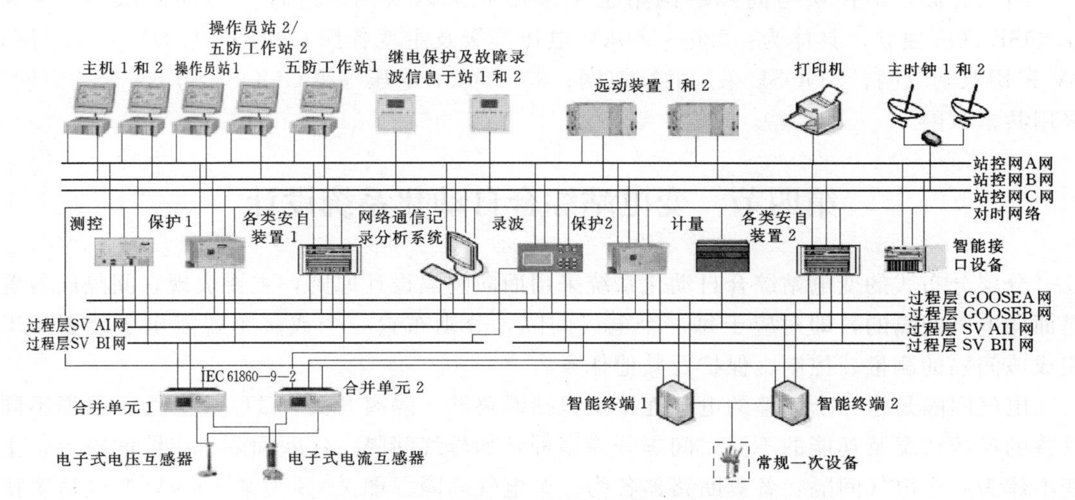

图2-7　500kV智能变电站典型配置图

组网方面，站控层与间隔层网络采用冗余以太网架构，网络宜采用双星型结构，双网双工方式运行，网络主要传输制造报文规范（MMS）和面向通用对象的变电站事件（GOOSE）两类信号；过程层与间隔层 SV 传输应采用双单网方式，过程层与间隔层 GOOSE 信号网络应采用双网双工方式运行，110kV 电压等级及主变各侧采用 GOOSE 与 SV 合并组网或 GOOSE 与 SV 分开组网方式，SV 采用双单网，GOOSE 采用共享双网。10kV 电压等级 GOOSE 与 MMS 宜合并组网。

220kV 变电站采用主机兼操作员站方式，双机冗余配置；五防主机采用双机冗余配置，其中一台独立配置，另一台与操作员站工作站共用；继电保护及故障录波信息子站与远动装置双机冗余配置；220kV 线路、母线及断路器失灵、母联和分段均配置双重化保护，测控装置按单套配置；110kV 线路、母联和分段配置双套保护测控一体化装置，110kV 母线配置双套保护；220kV 主变配置双重化电气量保护和一套非电量保护，主变各侧的测控装置按单套配置，非电量保护测控一体化装置按单套配置，下放本体；10kV 配置单套保护测控一体化装置。

组网方面，站控层与间隔层网络采用冗余以太网。过程层与间隔层 SV 网和 GOOSE 网应独立，具体为：220kV 电压等级及主变各侧 GOOSE 与 SV 分开组网，SV 采用双套独立双网，GOOSE 采用共享双网；110kV 电压等级 GOOSE 与 SV 分开组网，SV 采用双单网，GOOSE 采用共享双网；10kV 电压等级 GOOSE 与 MMS 宜合并组网。

500kV 变电站主机和操作员站分别采用双机冗余配置；五防主机采用双机冗余配置，其中一台独立配置，另一台可与操作员站工作站共用；继电保护及故障录波信息子站与远动装置双机冗余配置；500kV 线路、断路器和母线均配置双重化保护，配置独立的单套测控装置；220kV 线路、母线及断路器均配置双重化保护，测控装置按单套配置；500kV 主变配置双重化电气量保护和一套非电量保护，主变各侧测控独立单套配置，非电量保护测控一体化装置按单套配置，下放本体；35～66kV 电压等级电容、电抗、站用变、母线配置单套保护测控一体化装置。

组网方面，站控层与间隔层网络也是采用冗余以太网。过程层与间隔层 SV 网和 GOOSE 网应独立，具体为：220～500kV 电压等级及主变各侧 GOOSE 与 SV 分开组网，SV 采用双套双网，GOOSE 采用共享双网；35～66kV 电压等级 GOOSE 与 SV 合并组网，采用共享双网。

第四节　变电站综合自动化系统设计

分层分布式的变电站综合自动化系统采用面向间隔设计原则，主要表现在间隔层装置是面向电气间隔的，即对应于每一个电气间隔，分别布置一个或多个智能电子装置 IED 完成该间隔的测量、控制、保护及其他任务。

电气间隔是指一个完整的电气连接，包括断路器、隔离开关、CT、PT 等。根据不同设备的连接情况及功能的不同，间隔分许多种，如母线间隔、母联间隔、出线间隔等；主变本体为一个电气间隔，各侧断路器各为一个电气间隔。图 2-8 为某 500kV 变电站主接线图，虚线表示各电气间隔。

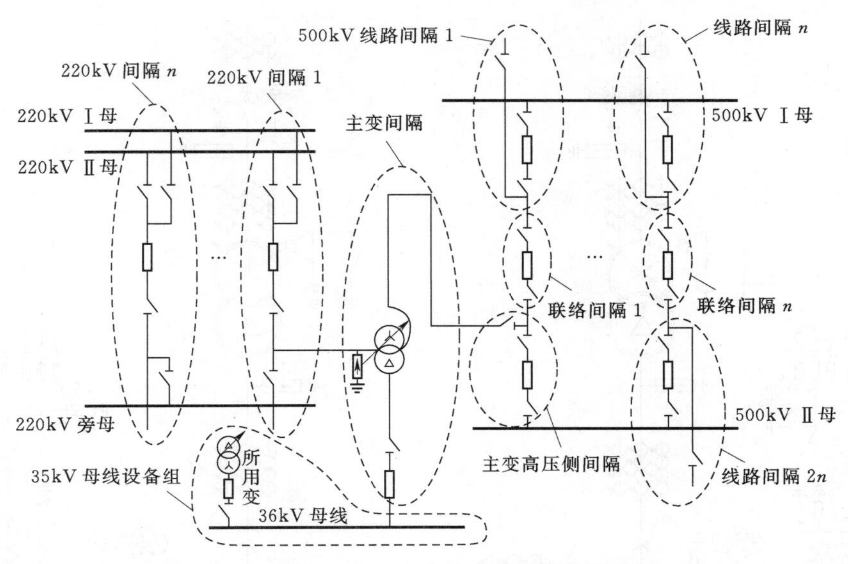

图 2-8　某 500kV 变电站主接线间隔示意图

图 2-9 为某 110kV 降压变电站主接线图，2 台主变，110kV 侧采用内桥接线，10kV 侧采用单母线分段，每段母线配一组双 Y 接线电容器和一组消弧变。

一、设计思路

采用分层分布的综合自动化系统，将 110kV 间隔相关二次设备、主变相关二次设备、公用二次设备、网络设备及通信管理机集中组屏，布置在中控室内，其余设备则就地安装在高压柜中。

二、主控室布置

后台计算机系统配置 PC 机或工控机、打印机、音响，安装监控系统软件，完成变电站当地监控、自动控制、故障分析、设备维护等功能。

第一面屏为 110kV 线路屏，配置 2 台测控装置（含 110kV 线路操作箱），1 台备自投装置（含桥开关操作箱），两测控装置各完成一条进线的测控，备自投装置的完成进线互投、桥开关自投以及桥开关自身的保护测控。

第二、三面屏为变压器保护测控屏，每台主变配置一套主变测控装置，另外独立配置变压器主保护、后备保护和非电量保护。主变测控装置同时完成挡位和温度采集，以及挡位调节和接地刀的遥控。

第四面屏为公共信息屏，配置 1 台通信管理机，1 台公共测控装置，1 台 GPS 装置，1 台逆变电源，1 台网络交换机。通信管理机完成与远方系统的信息交互，公共测控装置完成直流屏、交流屏、火灾、保安等设备的信号采集。GPS 以 IRIG-B 码完成全站 IED 设备的对时，以网络或串行通信完成监控主机的对时。网络交换机完成站控层设备的通信。

三、10kV 高压室布置

10kV 出线间隔有 16 个，分别采用馈线保护测控一体化装置，共 16 套，就地安装在

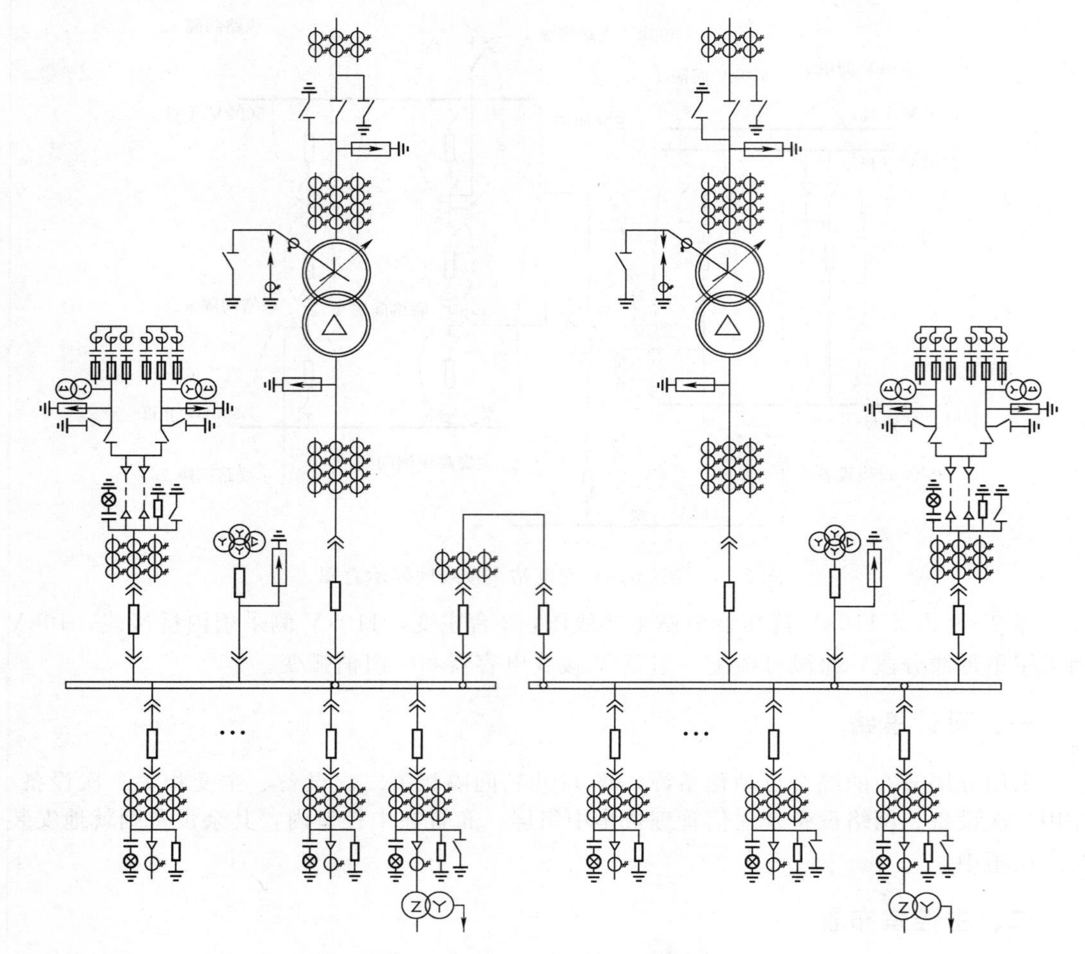

图 2-9　某 110kV 变电站主接线

开关柜上，完成相关的保护、测控、录波、远传等功能。

10kV 电容器间隔 2 个，分别采用电容器保护测控一体化装置，共 2 套，就地安装在开关柜上。除完成常规的保护、测控、录波、远传等功能外，每套还需实现两路零序过压保护。

10kV 消弧接地间隔 2 个，分别采用接地变保护测控一体化装置，共 2 套，就地安装在接地柜上。除完成常规的保护、测控、录波、远传等功能外，还需提供消弧消谐功能。

10kV 电压互感器 PT 间隔 2 个，配置 2 套 PT 测控装置，就地安装在 PT 柜上，完成常规测控和电压谐波、母线绝缘监视、PT 自动并列等功能。

10kV 分段间隔 1 个，配 1 套备用电源自投及分段保护测控一体化装置，就地安装在母联柜上，实现分段自投、分段开关的保护测控等功能。

16 口间隔层网络交换机 2 套，布置在引线柜，完成 10kV 两段母线各间隔的通信集成。

本 章 小 结

本章除介绍变电站综合自动化系统的配置外，还介绍了数字化变电站的配置。

变电站综合自动化系统的配置，与变电站一次系统的电压等级，主变台数，进出线多少及变电站重要程度等因素有关。本章分别讲述了 110kV 变电站、220kV 变电站和 500kV 变电站的综合自动化系统配置，以及相应电压等级的数字化变电站典型配置。

分层分布式的变电站综合自动化系统采用面向间隔设计原则，主要表现在间隔层装置是面向电气间隔的，即对应于每一个电气间隔，分别布置一个或多个智能电子装置 IED 完成该间隔的测量、控制、保护及其他任务。

【习　题】

2-1　名词解释

1. 监控主机
2. 远动工作站
3. 保信子站
4. 智能变电站
5. 五防主机
6. 间隔

2-2　综合题

以图 2-10 电气主接线为例，为其变电站综合自动化系统选型并画出系统配置图，并说明监控主机的功能。

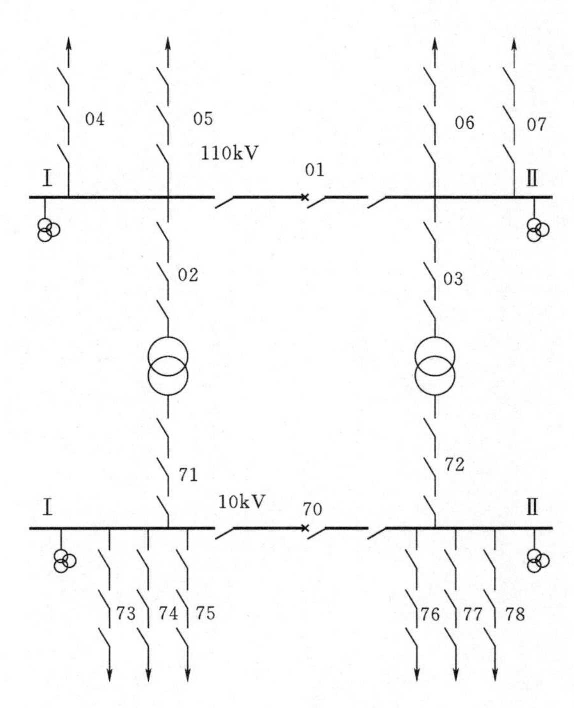

图 2-10　主接线图

2-3　简答题

1. 简述110kV变电站、220kV变电站和500kV变电站综合自动化系统典型配置，并分析说明其区别。

2. 简述110kV、220kV、500kV智能变电站的典型配置，并分析比较与综合自动化系统的不同之处。

第三章　变电站综合自动化系统的间隔层装置

【教学目标】

（1）理解保护与测控装置的插件结构及各插件的作用。

（2）掌握微机保护与测控装置硬件构成及各部分作用。

（3）能说出变电站综合自动化系统有哪些模拟量和开关量。

（4）掌握模拟量输入回路构成及各环节作用、原理。

（5）能分析说明开关量输入输出回路的工作原理。

（6）理解算法含义及作用。

（7）能够运用半周积分法和傅氏算法进行计算。

（8）能说出数字滤波原理及与模拟滤波的不同之处。

变电站综合自动化系统间隔层主要包括保护装置、测控装置、保护测控一体化装置及自动控制装置等。这些装置在硬件上区别不大，主要是软件不同，实现的功能不同。本章以保护测控一体化装置为例，介绍间隔层微机装置的硬件构成及通用的一些算法。

第一节　保护与测控装置机箱及插件

保护装置、测控装置、保护测控一体化装置及自动控制等微机装置一般采用标准机箱式结构。机箱的正面称为面板，如图 3-1 所示。面板上一般设置有液晶显示器、信号灯、按键、串行接口和信号复归按钮等。

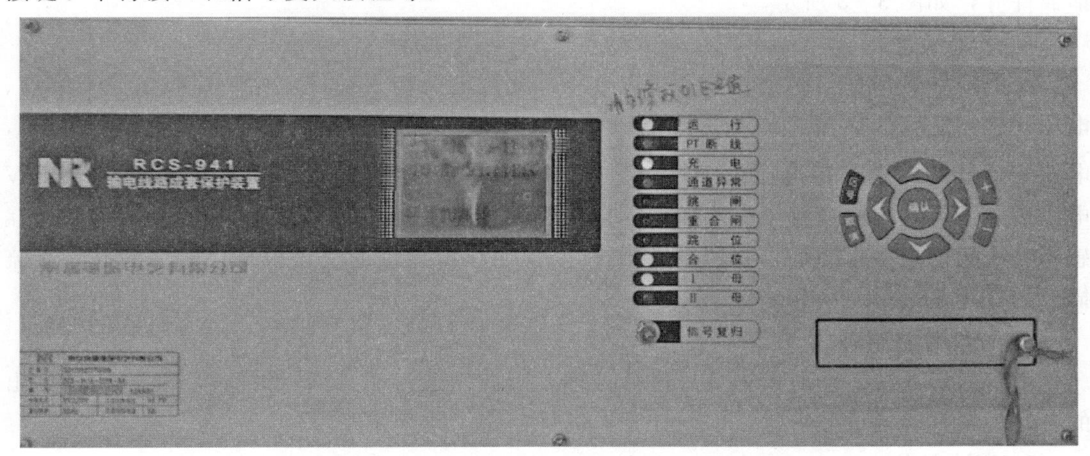

图 3-1　某保护装置面板

液晶显示器用来显示装置的提示菜单、定值清单、事件报告、运行参数、开关状态等信息；信号灯用于监视及发出装置动作、重合闸动作、告警等信号；按键用于参数设定、事件查询等操作；信号复归按钮用来复归程序、信号等；串行接口用来外接计算机，实现计算机与本装置箱体内的各插件进行通信。

机箱背面设有接线端子排，用于装置机箱与外部的连接。端子排上一般设有交流输入端子、直流电源输入端子、跳闸出口、合闸出口、遥信开入、信号输出等端子。

装置内部是由一个个插件组成的，如图 3－2 所示。插件实际上就是印制电路板，上面焊接有各种芯片及电子、电路元器件。为了便于调试和检修，在装置不带电的情况下，一般可以插、拔插件。

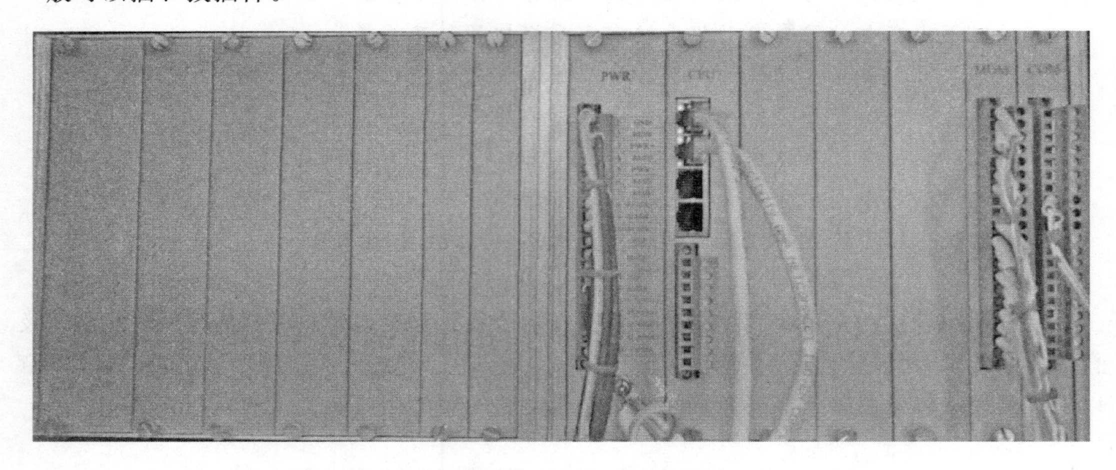

图 3－2　某装置背面插件

不同的保护测控装置机箱，应用的电压等级不同，用途不同，功能不同，厂家不同，标准机箱及插件构成也不完全相同，但标准机箱及其插件的基本结构是大致相同的。一般设有交流插件、A/D 转换插件、录波插件、CPU 插件、继电器插件、电源插件、人机对话插件等，如图 3－3 所示。

1. 交流插件

交流插件是保护与测控装置的交流电压、交流电流输入插件，用来接收电流互感器、电压互感器送来的交流电流、交流电压。由于电流互感器的二次额定电流为 5A 或 1A，电压互感器的二次额定电压为 100V 或 $100/\sqrt{3}$V，与微机装置系统所需的±5V 或±10V 电压信号不符，因此设置了交流插件。交流插件内设有电流变换器、电压变换器等，将互感器二次幅值进一步降低，并转换成 A/D 变换回路所允许的交流电压信号。因此，交流插件的作用是电量变换和隔离。

2. A/D 转换插件

由于微机系统不能对模拟信号进行处理，因此须通过 A/D 转换插件将交流插件输出的各路模拟量转换成数字量，以便计算机进行存储、计算和处理。

3. CPU 插件

CPU 插件是装置的核心插件，用来实现保护测控功能及附加功能，包含 CPU 系统、

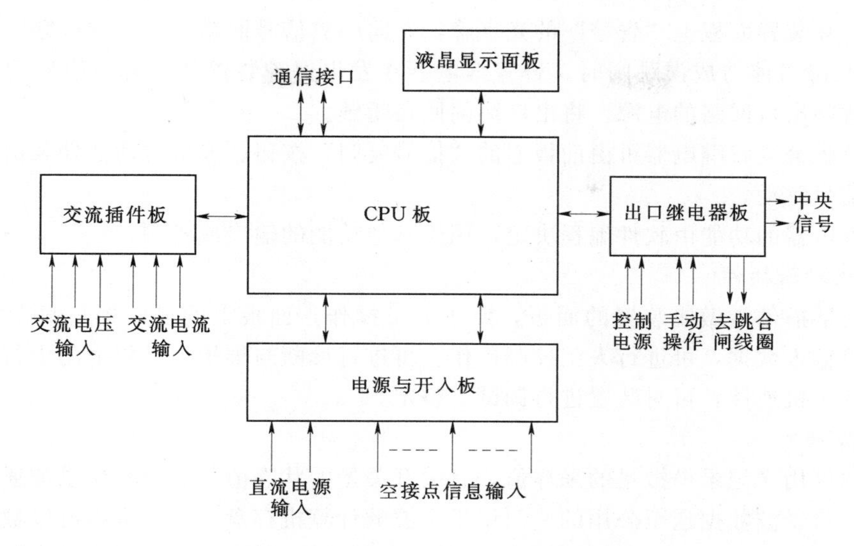

图 3-3　保护测控装置插件组成框图

模拟量输入电路、开关量输入/输出电路、串行通信接口等。

CPU系统用来执行程序，完成各种数据、信息的处理；模拟量输入电路用来接收 A/D 变换插件送来的各路模拟量信息；开关量输入电路用来接收该插件所有开关输入量的状态信息；开关量输出电路用来驱动该插件的执行元件，如启动继电器、跳闸继电器、合闸继电器、信号继电器、告警继电器等；串行通信接口用来完成该插件与人机对话插件之间的信息传递。

4. 继电器插件

继电器插件指各出口回路执行元件用到的各种小型继电器，根据继电器多少不同、插件多少不同，插件名称也不同。一般根据用途不同分为跳闸插件、信号插件、告警插件、逻辑插件、继电器插件等，这里统称为继电器插件。

继电器插件中一般设置有启动继电器、跳闸继电器、合闸继电器、信号继电器、告警继电器、信号复归继电器、备用继电器等。

启动继电器一般由 CPU 插件驱动，启动后触点分别用来启动高频发信，闭锁保护跳闸出口、合闸出口，防止跳闸过程中由于暂时压力降低误闭锁重合闸等。

跳闸继电器由保护跳闸出口或远方跳闸出口驱动。跳闸出口继电器用来驱动断路器跳闸回路；备用跳闸出口继电器可根据需要用于实现启动故障录波、启动断路器失灵保护、闭锁母差保护等功能。

跳闸信号继电器由保护跳闸出口驱动，一般用来点亮装置面板上“保护动作”光字牌，向中央信号回路发“保护动作”信号等。

合闸继电器一般由装置的重合闸出口驱动，手动合闸继电器一般由远方合闸出口驱动，均用于驱动断路器合闸回路。

合闸信号继电器由装置的重合闸出口驱动，用来点亮装置面板上“重合闸动作”的光字牌，向中央信号回路发“重合闸动作”信号等。

告警继电器由 CPU 插件或故障录波插件、人机对话插件等驱动，用来检测保护装置异常时，点亮装置面板上“告警”的光字牌，并向中央信号回路发“保护告警”信号。当CPU插件故障可能造成误跳闸时，告警继电器在发出保护装置“告警”信号的同时，还切断保护跳闸出口回路的电源，将出口跳闸回路闭锁。

信号及告警复归继电器可由面板上的“信号复归”按钮、人机对话插件及由端子排引入的外部信号驱动。

备用继电器的功能由软件编程决定，用于其他功能的输出或备用。

5. *人机对话插件*

人机对话插件常做成装置的面板，便于人员操作。面板上的显示器可显示画面与数据、按键可输入数据，可进行人工控制操作，可进行诊断与维护。面板上的串行通信接口可与外部计算机连接，可对装置进行调试、整定。

6. *录波插件*

录波插件用来记录模拟量的采样值，有关开关量的状态值，通过专用录波通信网或公用通信网，将录波数据送至公用的专门用于录波的计算机存盘，录波数据可以数据或图形方式送至打印机打印。这种录波属于分散录波，用户可选择是否增加录波功能。

7. *电源插件*

电源插件用来给装置的其他插件提供独立的工作电源。电源插件一般采用逆变稳压电源，输出的直流电源电压稳定，不受系统电压波动的影响，并具有较强的抗干扰能力。

电源插件输入电压一般为直流220V或110V，输出电压为+5V、±15V或±12V、±24V三组直流电压。+5V用于CPU板，±15V常用于A/D转换芯片，±24V常用于开关量的输入和输出。

电源插件一般设有失电告警继电器，当电源插件输出的电源中断时，失电告警继电器常闭触点闭合，向中央信号回路发“保护失电”告警信号。

第二节 保护测控装置硬件

保护测控装置硬件主要包括模拟量输入回路、微机系统、开关量输入/输出回路、人机对话接口回路、通信回路和电源等。其原理框图如图3-4所示。

一、微机系统

微机系统是装置的核心组成部分，一般由CPU、存储器、定时/计数器、看门狗WATCHDOG等组成。

（一）CPU

CPU是微机系统的指挥中枢，它的性能好坏在很大程度上决定了装置性能的优劣。当前用于电力系统自动化装置的微处理器有单片机和数字信号处理芯片两大类。

电力系统微机装置多采用16位单片机，如用Intel公司的80C196系列。随着微电子技术的发展，32位单片微处理器开始得到普遍应用。

现阶段使用单片机仍将是我国微机装置的主流趋势，但以单片机为核心的微机装置，

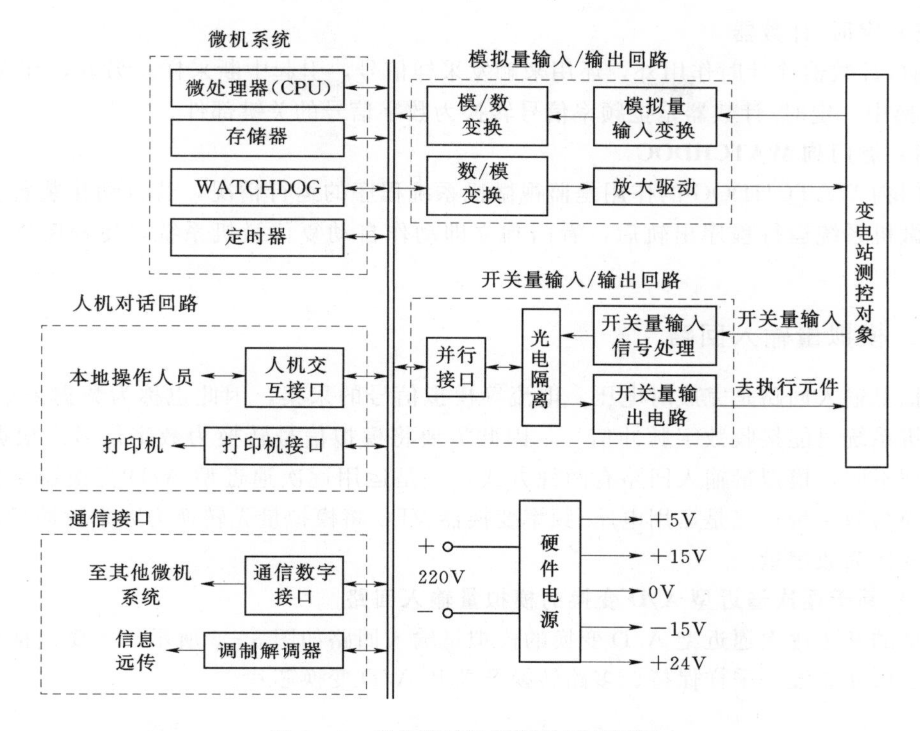

图 3-4 保护测控装置硬件原理框图

针对性较强，直接针对电力系统具体应用环境来设计，因此通用性、可扩展性相对较差；且往往受到速度和结构的限制，不擅长数字信号的处理，

特别是在处理电力系统中复杂的数据运算时，往往耗时过长，难以实现更新的复杂算法及达到更高的采样速率。因此，数字信号处理芯片 DSP 在微机装置中得到了广泛应用。

数字信号处理器 DSP 是一种经过优化后用于处理实时信号的微处理器。由于 DSP 具有先进的内核结构（哈佛结构）、快速的指令周期、流水线技术、硬件乘法器、特殊的指令、并行处理系统等，极大地缩短了数字滤波、滤序和傅里叶变换算法的计算时间，使许多过去因 CPU 性能因素而无法实现的算法可以通过 DSP 来轻松完成。目前，国内已出现以 32 位 DSP 为核心芯片的微机保护装置。

（二）存储器

自动化装置中，常见的存储器包括 EPROM（紫外线擦除电可编程只读存储器）、EEPROM（电擦除可编程只读存储器）、SRAM（静态随机存储器）、FLASH（快擦写存储器）及 NVRAM（非易失性随机存储器）等。

EPROM 用来保存运行程序和一些固定不变的数据，因为只有紫外线长时间照射才可以擦除保存在 EPROM 中的内容。

EEPROM 通常用来保存整定值，因为 EEPROM 可在运行时在线改写，且掉电后内容又不丢失。

SRAM 主要作用是保存程序运行过程中临时需要暂存的数据。NVRAM 和 FLASH 通常用来保存故障数据。

（三）定时/计数器

定时/计数器除计时作用外，还用来触发采样信号，引起中断采样。另外，在 V/F 式 A/D 变换中，定时/计数器是把频率信号转换为数字信号的关键部件。

（四）看门狗 WATCHDOG

看门狗 WATCHDOG 的作用是监视微机系统程序的运行情况，若自动化装置受到干扰导致微机系统运行程序出轨后，看门狗立即动作自动复位微机系统，使程序进入正常轨道。

二、模拟量输入回路

模拟量输入回路是完成对电压、电流等模拟信号的采集，因此也称为数据采集系统。由于微机系统只能接收数字脉冲信号，因此需要将模拟信号转换为数字信号。根据 A/D 变换原理不同，模拟量输入回路有两种方式：一是运用逐次逼近型 A/D 变换器直接将模拟量变换为数字量；二是运用电压/频率变换器 VFC 将模拟量先转换为频率脉冲量，再通过计数变换为数字量。

（一）基于逐次逼近型 A/D 变换的模拟量输入回路

典型的基于逐次逼近型 A/D 变换的模拟量输入回路如图 3-5 所示，主要包括电压形成回路、低通滤波、采样保持、多路转换开关和 A/D 变换芯片。

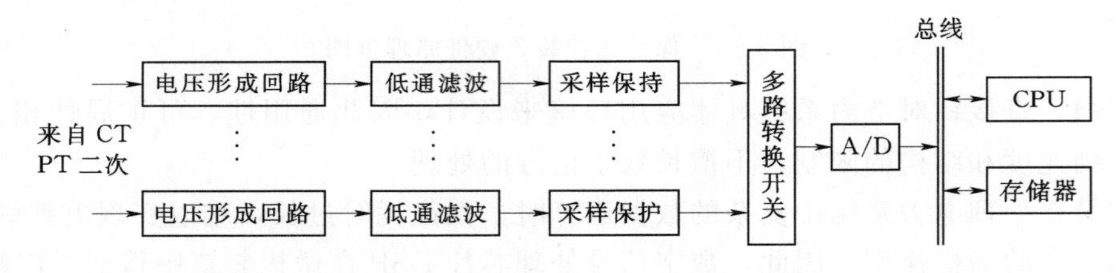

图 3-5 模拟量输入回路结构框图

1. 电压形成回路

A/D 转换芯片要求输入信号电压一般为±5V 或±10V，而电流互感器的二次电流或电压互感器的二次电压不满足要求，因此需要对它们进行变换。

一般采用中间变换器，如采用电压变换器将电压互感器二次电压进一步降低；采用电流变换器或电抗变换器将电流互感器二次电流变换成适合微机系统的电压信号。

电压形成回路除完成电压变换外，另一个重要作用是利用变换器的铁芯将电流互感器、电压互感器的二次回路与微机系统隔离开来，从而提高微机自动化装置的抗干扰能力。

2. 低通滤波

电力系统在发生故障的暂态过程中，电压和电流中往往含有高次谐波。若要对所有高次谐波不失真地进行采样，采样频率就很高，对微机系统的硬件要求也就很高。而实际中，微机装置并非需要反映所有高次谐波，只需能对某一特定谐波实现不失真采样即可。因此，为了降低采样频率，考虑到实际问题，需要限制输入信号的最高频率，这就是模拟低通滤波器的作用。

这里的模拟滤波和数字滤波是相对的，指通过硬件电路实现的滤波，而不是通过软件实现滤波功能。“低通”是指低于截止频率的信号可以通过，而高于截止频率的信号不能通过。截止频率根据采样频率 f_S 确定，取值为采样频率的一半，即 $f_S/2$。

模拟低通滤波器分为有源和无源两种，图 3-6 为常用的无源低通滤波器。图中无源低通滤波器由两级 RC 滤波电路组成，只要调整 RC 数值就可改变低通滤波器的截止频率。

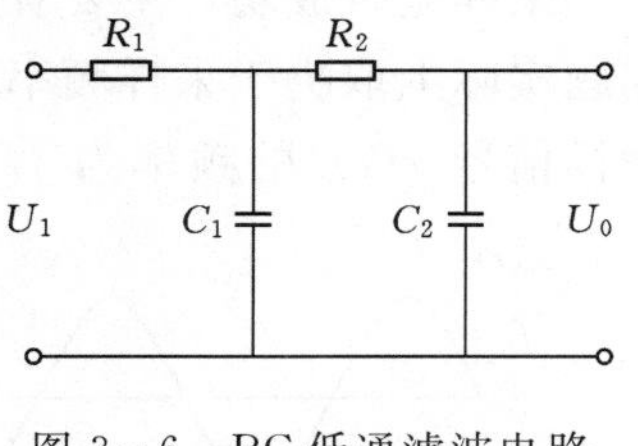

图 3-6　RC 低通滤波电路

3. 采样保持

由于微机只能处理数字信号，所以交流电压和交流电流等随时间连续变化的模拟信号必须转换成数字信号，而 A/D 转换器要完成转换是需要时间的，尽管这个时间非常短，一般是微秒数量级。因此，为了正确地完成 A/D 转换，首先要对模拟量进行采样。

采样实际上是将一个随时间连续变化的信号 $x(t)$ 变成一个在时间上离散的信号 $x_S(t)$，就是按照一定的时间间隔采集对应时刻的信号取值，采样过程如图 3-7 所示。

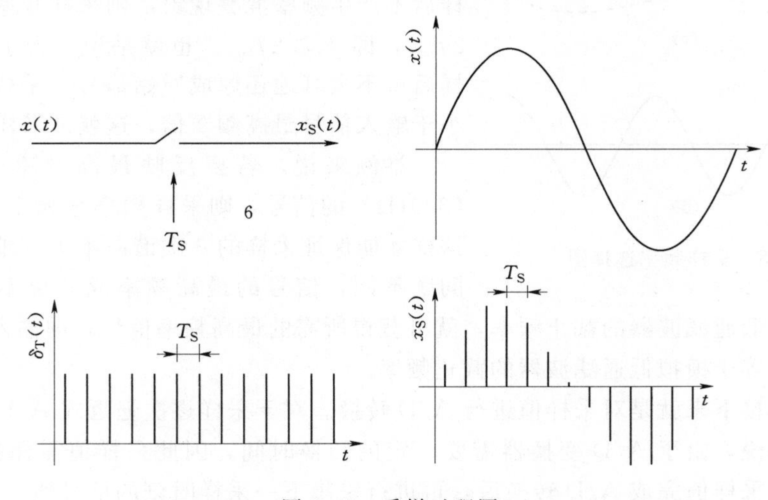

图 3-7　采样过程图

采样时间间隔由采样控制脉冲 $\zeta_T(t)$ 控制，相邻两个采样时刻的时间间隔称为采样周期，用 T_S 表示，采样周期的倒数称为采样频率，用 $f_S=1/T_S$ 表示。开关每隔 T_S 就短暂闭合一次，实现一次采样，即每隔 T_S 取一次模拟信号值，并存放在保持电路里面供 A/D 转换器使用。经过采样，得到各采样值 $x(0)$、$x(T_S)$、$x(2T_S)$、$x(3T_S)$、$x(4T_S)$、$x(5T_S)$，…，用式（3-1）表示。式中，$x(nT_S)$ 就是采样值，因为定时采样 T_S 不变，所以采样值一般简化记为 $x(n)$。

$$x_S(t)=x(nT_S)\quad n=0,1,2,3,\cdots \tag{3-1}$$

在自动化装置中，被采样的信号 $x(t)$ 主要是工频 50Hz 信号，通常以工频每个周期采样点数 N 来间接定义采样周期 T_S 或采样频率 f_S。如工频每个周期采样 12 点，则采样频率 $f_S=12\times50=600\text{Hz}$，采样周期 $T_S=20/12=5/3\text{ms}$。采样点数若已知，则两个采样点之间的电气角度$\frac{2\pi}{N}$，这样可方便我们计算采样值 $x(n)$。

采样是否成功，主要看采样信号 $x_S(t)$ 能否真实地反映原始的连续信号 $x(t)$，这个问题实际上取决于采样频率或者每工频周期采样点数的选择。我们先观察图 3-8，设被采样信号 $x(t)$ 的频率为 f_0，其波形如图 3-8（a）所示。对其进行采样，图 3-8（b）是对 $x(t)$ 每周采样一点，即 $f_S=f_0$，采样后所得到的为一直流量；图 3-8（c）中，当 $f_S=1.5f_0$ 时，采样后得到的是一个频率比 f_0 低的低频信号，这种现象称为频率混叠；图 3-8（d）中，$f_S=2f_0$，采样所得到信号频率为 f_0。显然，若 $f_S>2f_0$，采样后所得到的信号可更加真实地反映原始信号。

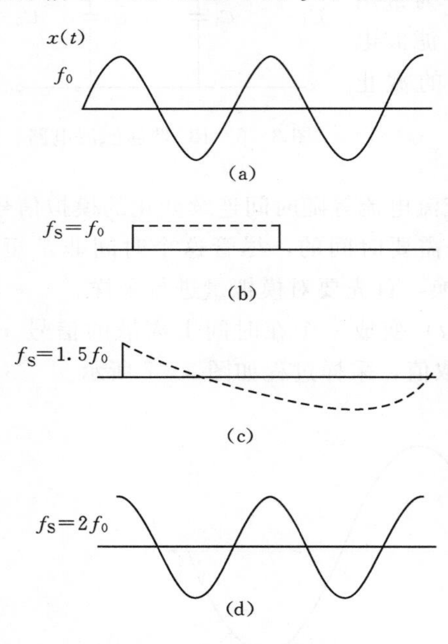

图 3-8　采样频率选择图

若输入信号 $x(t)$ 中含有各种频率成分，设其最高频率为 f_{max}，若要对其不失真地采样，或者采样后不产生频率混叠现象，则采样频率必须不小于 $2f_{max}$，即 $f_S \geqslant 2f_{max}$。也就是说，为了使信号被采样后可不失真地还原成原始信号，采样频率必须不小于输入信号最高频 2 倍，这就是采样定理。

举例来说，若要反映最高频率为 6 次谐波（300Hz）的信号，则采样频率须大于等于 600Hz，这样才能保证采样的 6 次谐波不失真地还原。实际问题不同，信号的最高频率成分也不同，根据需要，设置模拟低通滤波器的截止频率，就可获得所需的最高频率信号，即输入采样保持器的信号最高频等于模拟低通滤波器的截止频率。

采样后，接下来就是对采样值进行 A/D 转换。对于采样逐次逼近式 A/D 转换器的数据采集系统来说，由于 A/D 变换器需要一定的转换时间，因此采样值需保持一段时间，以确保上一个采样值完成 A/D 转换后，再进行采集下一采样时刻的信号值。

采样保持原理如图 3-9 所示，它由一个电子模拟开关 K、电容 C 及两个阻抗变换器组成。开关 K 受逻辑输入电平控制，高电平时 K 闭合，电路处于采样状态，电容 C 迅速充电直到电容电压等于该采样时刻的电压 U_i；低电平时 K 打开，电路处于保持状态，电容 C 上保持住了 K 打开瞬间的电压。为了缩短采样时间，阻抗变换器 1 输出端应呈低阻抗，而为了提高保持能力，阻抗变换器 2 输入端应呈高阻抗。

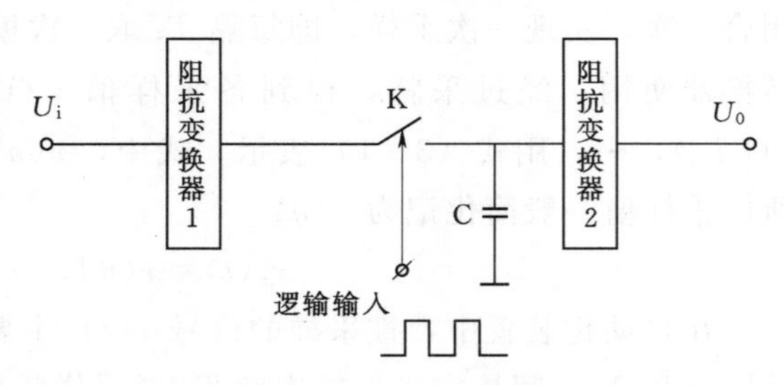

图 3-9　采样保持电路原理图

4. 模拟量多路转换开关

在实际的数据采集系统中，被测量可能是十几路，甚至是几十路，对这些回路的模拟量同时采样，为了共用 A/D 变换器而节省硬件，利用多路转换开关轮流切换各被测量进行 A/D 变换，达到顺序 A/D 转换的目的。因此，多路转换开关的作用是"多选一"，输入是多路待变换的模拟量，输出只有一个公共端接至 A/D 变换器。

以 16 选 1 多路转换芯片 AD7506 为例，其内部结构如图 3-10 所示。图中，E_N 为使能端，只有当 E_N 端为高电平时，芯片才工作；CPU 赋予 A_0、A_1、A_2、A_3 不同的二进制码，可分别选通 16 路电子开关 SA，当选中某一路时，此路的 SA 闭合，将该路输入信号输出。

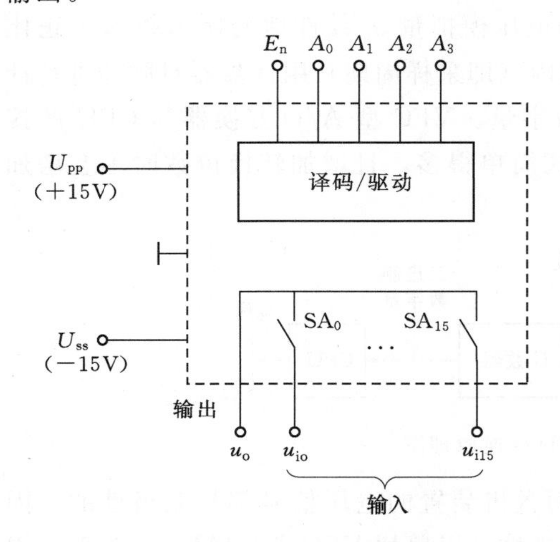

图 3-10　AD7506 内部结构

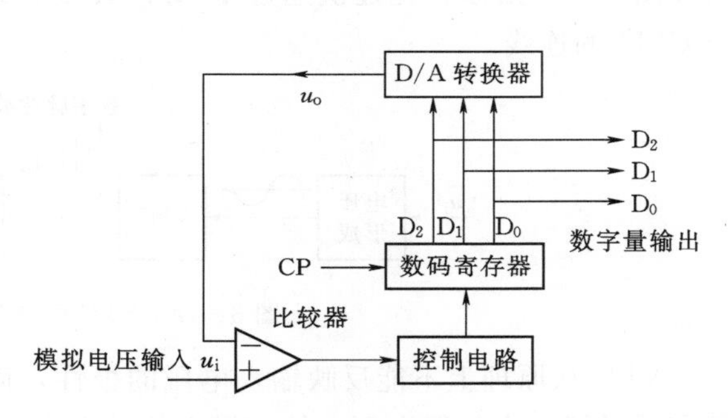

图 3-11　逐次逼近式 A/D 转换器结构及工作原理

5. 模/数转换（A/D）

A/D 变换器的作用是将电压、电流等连续变化的模拟信号转换为数字信号，以便于微机系统进行存储、处理、控制和显示。逐次逼近式 A/D 转换器构成及工作原理如图 3-11 所示。

逐次比较型 A/D 转换器由控制电路、数码寄存器、D/A 转换器和电压比较器组成。逐次逼近转换过程和用天平称物重非常相似。天平称重物过程是，从最重的砝码开始试放，与被称物体进行比较，若物体重于砝码，则该砝码保留，否则移去；再加上第二个次重砝码，由物体的重量是否大于砝码的重量决定第二个砝码是留下还是移去；照此一直加到最小一个砝码为止。将所有留下的砝码重量相加，就得此物体的重量。仿照这一思路，逐次逼近式 A/D 转换器，就是将输入模拟信号与不同的参考电压作多次比较，使转换所得的数字量在数值上逐次逼近输入模拟量对应值。

以 3 位 A/D 转换器为例，如图 3-11 所示。首先，控制电路使数码寄存器的输出为 100，经过 D/A 转换成相应的电压 u_o，送至电压比较器与模拟输入电压 u_i 进行比较。若 $u_i > u_o$，则通过控制电路将最高位的 1 保留，反之，则将最高位清 0；接着将次高位置 1，再经 D/A 转换为相应的电压 u_o，重复上一步，根据比较结果决定次高位是 1 还是 0；最后所有位都比较结束后，转换完成。这样数码寄存器中保存的数码就是 A/D 转换后的输出数码。

逐次逼近式 A/D 变换器最终的转换结果能否准确逼近模拟信号，主要取决于数码寄存器和 D/A 转换的位数。位数越多，越能准确逼近模拟量，但转换时间随之增加。

分辨率是 A/D 变换器的一个重要技术指标，其含义是指输出数字量变化一个最低有效位所对应的输入模拟电压的变化量。如 A/D 变换器输入模拟电压范围为 0～10V，输出为 10 位二进制数，则分辨率为$\frac{\Delta U}{2^n}=\frac{10}{2^{10}}$V=9.77mV。可见，分辨率与 A/D 变换器的位数 n 有关，所以一般用位数来表示分辨率。

（二）基于 V/F 转换的模拟量输入回路

电压一频率变换（VFC）的原理是将输入的电压模拟量 u_i 线性地变换为频率 f 正比于输入电压大小的数字脉冲信号，在固定的时间内（即采样周期）用计数器对脉冲进行计数，计数器的输出就是要转换的模拟量对应的数字量。VFC 型 A/D 变换器与 CPU 的接口如图 3-12 所示，比逐次逼近型 A/D 转换方式简单得多，且增加转换位数时不会增加与 CPU 的连线。

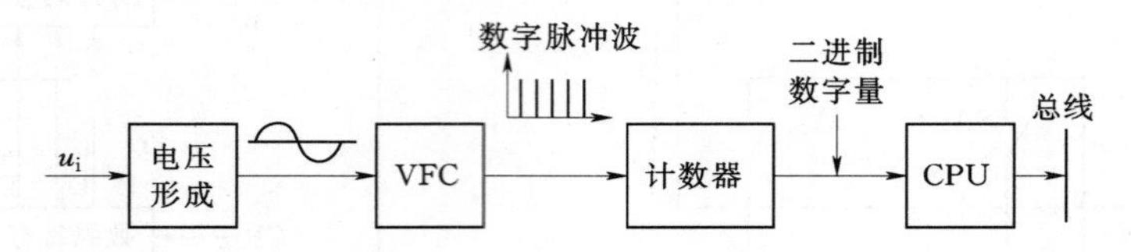

图 3-12　VFC 型 A/D 变换原理图

VFC 从原理上不能反映输入电压的极性，而微机装置的电压信号都是双极性的，因而需要设置一个偏置电压，使双极性信号变为单极性。以单片 VFC 芯片 AD654 为例，中心频率为 250Hz，一般采用负极性接线，直流偏置电压为－5V，保证了输入电压有±5V 峰—峰值的线性测量范围，其外部接线如图 3-13 所示。图中，VFC 输出脉冲频率为

$$f_{out}=\frac{1}{10C_T}\left(\frac{5}{R+R_{p1}}+\frac{u_i}{R_1+R_{p2}}\right) \tag{3-2}$$

可见，输出频率与输入电压呈线性关系。R_{p1} 用来调整偏置值，使外部输入电压为零时输出频率为 250Hz，从而使交流电压的测量范围控制在±5V 之间，这也叫零漂调整。VFC 变换特性与输入交流信号的关系如图 3-14 所示。

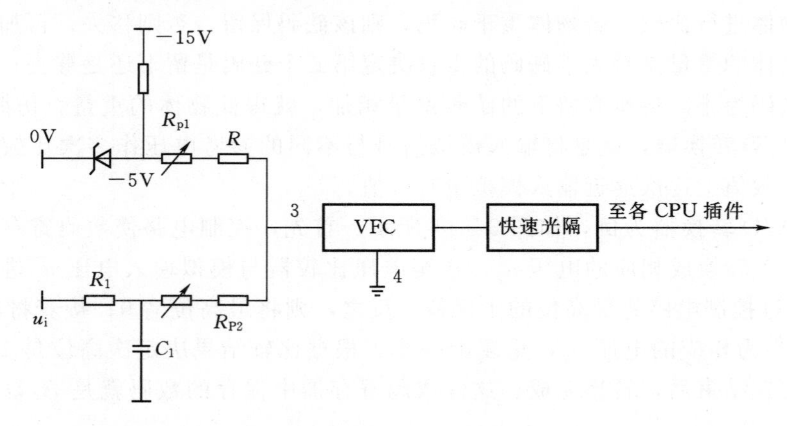

图 3-13　VFC 外部接线图

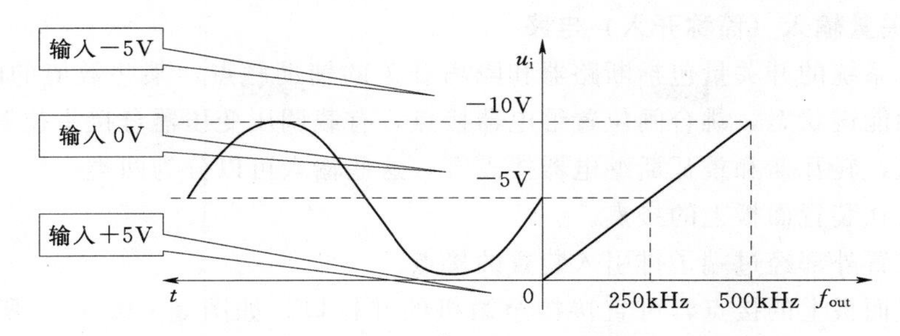

图 3-14　VFC 变换特性与输入交流信号的关系

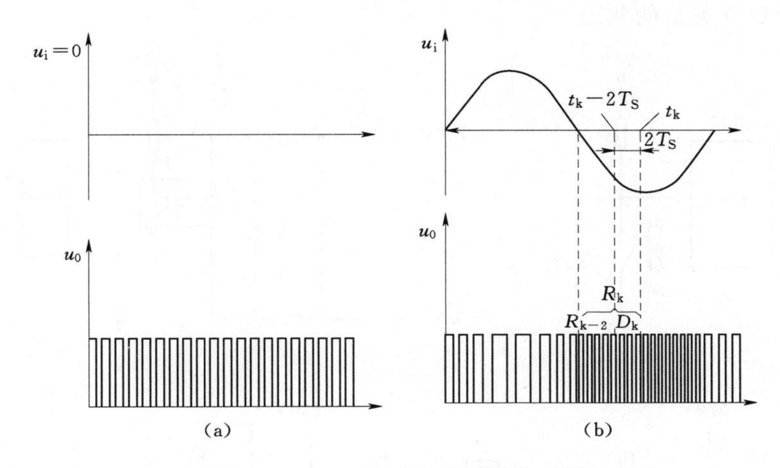

图 3-15　VFC 工作原理和计数采样

当输入电压 $u_i=0$ 时，输出信号是频率为 250kHz 的等幅等宽的脉冲波，如图 3-15（a）所示；当输入信号是交流信号时，经 VFC 变换后输出的信号是被交变信号调制了的等幅脉冲调频波，如图 3-15（b）所示。可见，VFC 的功能是将输入电压变换成一连串重复频率正比于输入电压的等幅脉冲波，且 VFC 芯片的中心频率越高，其转换精度也越高。

VFC 输出的数字脉冲信号经计数器计数后得到二进制数码，CPU 每隔一个采样周期 T_S 读取计数器的计数值，分别记作 R_{k-1}、R_k、R_{k+1}、…，则在 t_k-NT_S 至 t_k 的这段时间内，计数器计到的脉冲数为 $D_k=R_k-R_{k-N}$，为使 VFC 数据采集系统得到的数字信号不失真地代表模拟信号，至少要用 $2T_S$ 期间的脉冲数计算，即 N 取大于等于 2，如图 3-15（b）所示。

三、开关量输入输出回路

变电站综合自动化系统中，除模拟量外，还有大量的以二进制数字变化为特点的信号，称为开关量。二进制的一位可取“0”或“1”，对应了开关的分或合两种状态。开关量以 8 位、16 位或 32 位并行方式输入或输出微机系统。

开关量输入电路的功能是将测控对象需要的状态信号引入微机系统；开关量输出电路的功能是将 CPU 送出的数字信号或数据进行显示、控制或调节。

（一）开关量输入（简称开入）电路

输入微机系统的开关量包括断路器和隔离开关的辅助触点，某些数值的限内或越限，人机联系的功能键状态，跳合闸位置继电器接点，有载调压变压器分接头位置，微机装置上连接片位置，轻瓦斯和重瓦斯继电器接点等。这些输入可以分为两类：

（1）安装在装置面板上的接点。

（2）从装置外部经过端子排引入装置的接点。

对于装置面板上的接点，可直接接至微机的并行口，如图 3-16（a）所示。这种输入电路的工作原理是：在运行初始化程序时，设置 PIO 口为输入端，则微机可通过查询或中断方式获取开关量的状态。

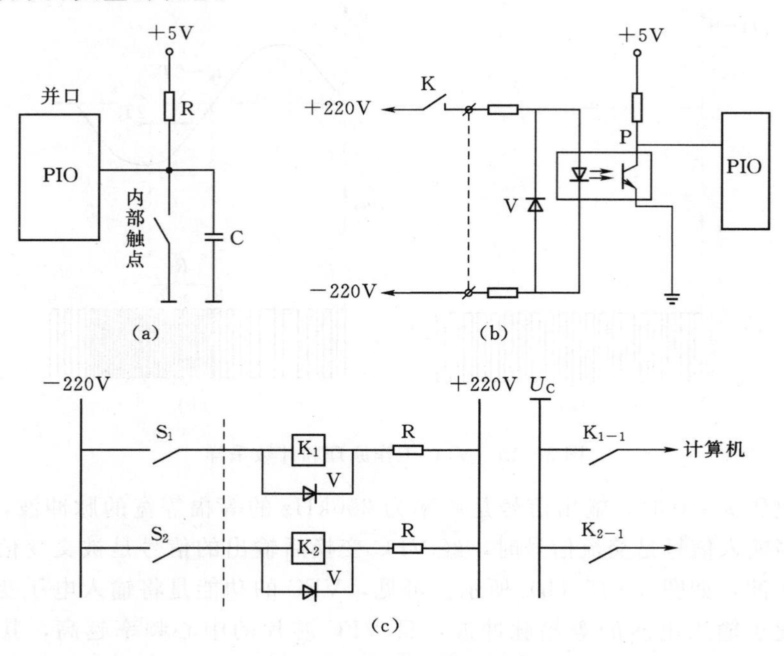

图 3-16　开关量输入回路

对于从装置外部引入的接点，为了防止给微机装置带来干扰，须采取隔离措施，常用的有光电隔离、继电器隔离或两者双重隔离。图 3-16（b）为经继电器隔离的开关量输入回路电路图，图 3-16（c）为经继电器隔离的开关量输入回路电路图。

由图 3-16（b）可以看出，当外部触点闭合时，光耦的发光二极管导通发光，光敏三极管导通，P 点为低电平 0V；当外部触点打开时，发光二极管截止，光敏三极管截止，P 点为高电平 5V。因此，光敏三极管的导通和截止反映了外部触点的状态。由于一般光电耦合芯片发光二极管的反向击穿电压较低，为防止开关量输入回路电源极性接反时损坏光电耦合器，设置了反接二极管 V，用来保护光耦。

由图 3-16（c）可以看出，利用现场断路器或隔离开关的辅助触点 S_1、S_2 接通，去启动小信号继电器 K_1、K_2，然后由 K_1、K_2 的触点 K_{1-1}、K_{2-1} 等输入至微机系统，这样做可起到很好的隔离作用。输入至微机系统的继电器触点，可采用与微机系统输入接口板配合的弱电电源 U_C。

（二）开关量输出回路

开关量输出（简称开出）主要包括保护的跳闸出口、本地和中央信号以及通信接口、打印机接口等，一般都采用并行接口的输出来控制有接点继电器（干簧或密封小中间继电器）的方法，但为提高抗干扰能力，最好也经过一级光电隔离。

对于通信接口、打印机接口等装置内部的数字信号，可以采取如图 3－17（a）所示的接法。由于不是直接控制跳、合闸，实时性和重要性的要求并不是很高，所以可用一个输出逻辑信号控制输出数字信号。这里光电耦合器的作用是既实现两侧电气的隔离，提高抗干扰能力，又可以实现不同逻辑电平的转换。

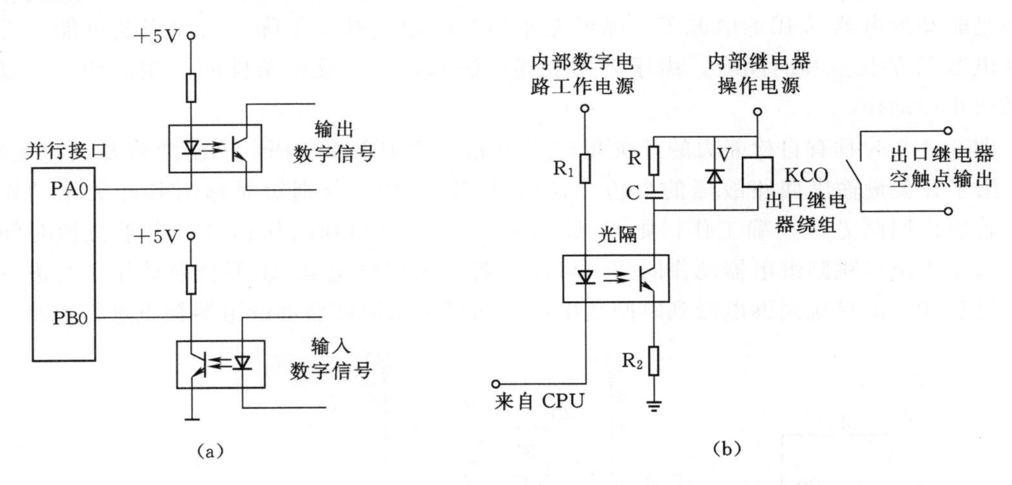

图 3－17 开关量输出回路

对于保护的跳闸出口、本地和中央信号等，微机保护装置通过数字量输出的“0”或“1”状态来控制执行回路（如报警信号或跳闸回路继电器触点的“通”或“断”）。开关量输出电路的作用是为正确地发出开关量操作命令提供输出通道，并在微机装置内外部之间实现电气隔离，以保证内部弱电电子电路的安全且减少外部干扰。一种典型的使用光电耦合器件的开关量输出接口电路如图 3－17（b）所示。由软件使并行口输出“0”，发光二极管导通，光敏三极管导通，出口继电器 KCO 励磁，提供一副空触点输出。

继电器线圈两端并联的二极管称为续流二极管。它在 CPU 输出由“0”变为“1”，光敏三极管突然由“导通”变为“截止”时，为继电器线圈释放储存的能量提供电流通路，这样一方面加快继电器的返回，另一方面避免电流突变产生较高的反向电压而引起相关元件的损坏和产生强烈的干扰信号。

为了防止因保护装置上电（合上电源）或工作电源不正常通断在输出回路出现不确定状态时，导致装置发生误动，常采用异或逻辑电路来控制光耦的导通，其电路如图 3－18 所示。

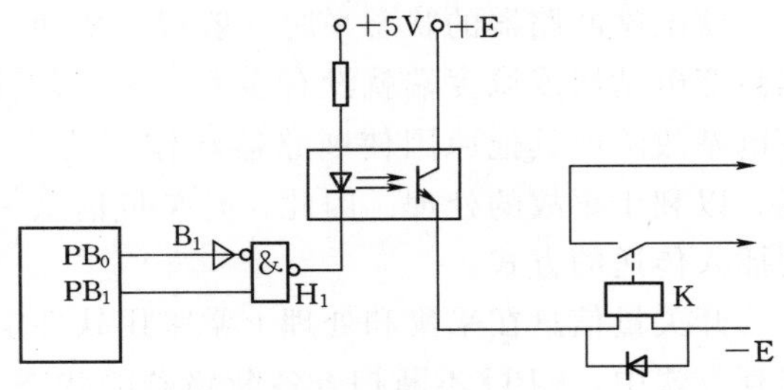

图 3－18 开关量输出回路

只要通过软件使并行口的 PB_0 输出“0”，PB_1 输出“1”，便可使与非门 H_1 输出低电平，光敏三极管导通，继电器 K 被吸合。

在初始化和需要继电器 K 返回时，应使 PB_0 输出“1”，PB_1 输出“0”。

设置反相器 B_1 及与非门 H_1 而不将发光二极管直接同并行口相连，一方面是因为并行口带负载能力有限，不足以驱动发光二极管，另一方面因为采用与非门后要满足两个条件才能使 K 动作，增加了抗干扰能力。为了防止拉合直流电源的过程中继电器 K 的短时误动，将 PB_0 经一反相器输出，而 PB_1 不经反相器输出。因为在拉合直流电源过程中，当 5V 电源处于某一个临界电压值时，可能由于逻辑电路的工作紊乱而造成自动装置误动作，特别是自动装置的电源往往接有大量的电容器，所以拉合直流电源时，无论是 5V 电源还是驱动继电器 K 用的电源 E，都可能相当缓慢地上升或下降，从而完全可能来得及使继电器 K 的接点短时闭合。由于采用上述接法后，两个反相条件的互相制约，可以可靠地防止误动作。

图 3-19 为具有自检能力的开关量输出电路，图中 PB_0～PB_2 控制两路开关量输出，PC_0 用于开关量输出回路故障的自检。自检时 PB_0～PB_2 分别短时输出各开关量动作编码，若输出回路光耦正确工作，则 CPU 可通过 PC_0 检测到动作信号。由于自检时间极短，远小于出口跳闸继电器动作时间，可保证各个出口继电器 ZJ 不会误动作。为进一步保证可靠性，出口跳闸继电器到跳闸负电源之间可采用故障启动继电器触点进行控制。

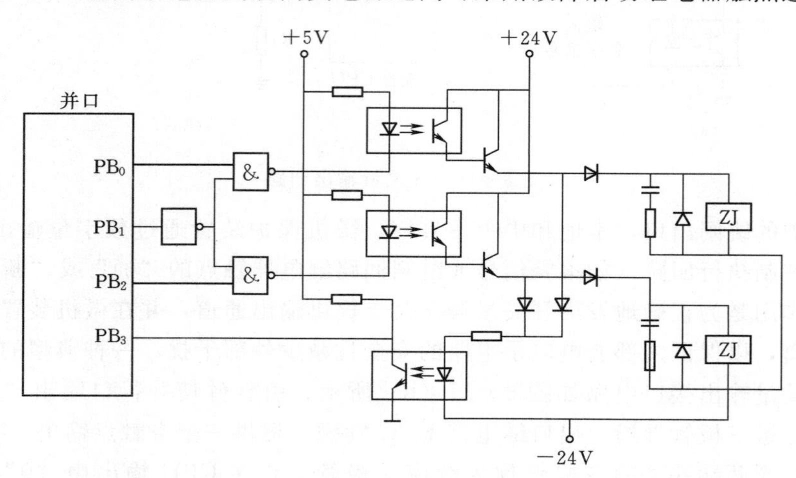

图 3-19 具有自检能力的开关量输出电路

（三）开关量变位检测

变电站断路器的状态平时一般很少变动，如果终端装置重复发送内容不变的开关量数据给变电站层或调度端就没有多大意义，并且占用了信道和装置的工作时间。但是，一旦变电站故障或其他原因使断路器动作，其状态发生变化，必须及时传向变电站层或调度端，以利于事故的处理。因此，开关量信息一般可采用无变位时不发送；一旦发生变位，则插入传送的方式。

开关量信息在采集和处理上常采用软件定时扫查和变位触发两种不同的方式。在软件扫查方式中，CPU 不断扫查各断路器的状态，如发现有变位就予以处理。在硬件变位触发中断方式中，以专用的硬件电路对断路器位置状态进行监视，如发现变位就申请中断，由 CPU 进行处理。

1. 定时扫查方式

开关量信息不同于模拟量信息，它不是随时随刻都在变化，通常情况下其状态是不变化的，而状态的改变往往又是瞬时完成的。因此，对开关量采集时，CPU 定时对开关量扫描，所得数据存入内存的开关量数据区。检查开关量是否变位就是检查开关现在的状态是否和上一次相同。因此 CPU 必须不断地对开关量扫描，将开关量数据读入后，还必须和内存中原有的相应数据进行对比。如两者相同，开关量无变位，则不作处理。如两者不相同，说明有断路器变位，于是就把内存中相应的开关量数据更新，并对变位开关进行必要的处理。

通常系统对开关量采集有一分辨率的指标，即对同一开关量的前后两次扫查的时间间隔。根据分辨率可以设定开关量扫查的时间间隔，一般将开关量扫查置于实时时钟中断服务程序中，每一个等时间间隔，如 1～10ms，都要对全部的开关量进行一次扫查，这样构成的扫查方式为定时扫查方式。

开关量定时扫查模式在每一个定时间隔中都要进行全开关量扫查，如果采集的开关量大，同时要求分辨率高，则会加重 CPU 的负荷，影响 CPU 对其他中断的响应速度，延长程序的执行时间，降低了实时性。这些问题的解决通常采用智能开关量采集，即用一 CPU 专门负责开关量采集，构成多 CPU 系统结构。如果是单 CPU 结构系统，要有高的开关量分辨率，同时又有整体的实时性，则可以开关量变位触发方式加以实现。

2. 变位触发中断方式

用专用硬件来监视断路器变位，其主要特点是反应快，同时也节省了软件扫查方式中 CPU 用于扫查的时间。当断路器变位时，断路器辅助触点位置发生变化，同时向 CPU 提供相应的断路器跳闸变位信息或申请中断。CPU 响应这一中断申请后，读取断路器状态数据，并与内存中开关量数据区所存的内容比较以确定发生变位的断路器，更新内存中开关量数据区的内容，同时记下断路器变位的时间，并对变位开关量作必要的处理。

第三节　保护与测控装置常用算法

所谓算法，就是计算机将连续型的电压、电流等模拟信号经过离散采样和模数变换成为可用计算机处理的数字量后，对这些数字量（采样值）进行分析、计算，从而得到所需电气量参数，并实现各种保护和监控功能的方法。

保护装置和监控装置对算法的要求不同。首先，监控系统需要计算机得到的是反映正常运行状态的 P、Q、U、I 等物理量，进而计算出 $\cos\varphi$、有功电能量和无功电能量；而微机保护更关心的是反映故障特征的量，所以保护装置中除了会要求计算 U、I、$\cos\varphi$ 等以外，有时还要求计算反映信号特征的其他一些量，例如突变量、负序或零序分量以及谐波分量等。其次，监控系统在算法的准确上要求更高一些，希望计算出的结果尽可能准确；而保护装置则更看重算法的速度和灵敏性，必须在故障后尽快反应，以便快速切除故障。再者，监控系统算法主要是针对稳态时的信号，而保护系统算法主要针对故障时的信号。相对于前者，后者含有更严重的直流分量及衰减的谐波分量等。因此，信号性质的不同必然要求从算法上区别对待。

一、变电站综合自动化系统有效值计算常用算法

1. 基于正弦函数模型的算法——半周积分算法

实际应用中，由于各种不对称因素及干扰的存在，电流和电压波形并不是理想的工频正弦波，而是存在高次谐波，尤其是在电力系统故障时，还会产生衰减直流分量。但一些较为简单的算法，考虑到交流输入回路中设有 R－C 滤波电路，为了减少计算量，加快计算速度，往往假设电流、电压为理想的正弦波。当然这样会带来误差，但只要误差在应用的允许范围内，也就是许可的。

半周积分算法的依据是一个正弦量在任意半个周期内绝对值的积分是一常数 S，以正弦电流为例

$$S = \int_0^{T/2} \sqrt{2}I \left| \sin(\omega t + \alpha) \right| \mathrm{d}t = \int_0^{T/2} \sqrt{2}I\sin\omega t\,\mathrm{d}t = \frac{2\sqrt{2}}{\omega}I \tag{3-3}$$

积分值 S 与积分起始点的初相角 α 无关。如图 3－20 所示，积分的起始点无论从 0 或从 α 角开始，积分半周期的绝对值总是常数，因为图中画斜线的两块面积是相等的。

由式（3－3）看出，求出积分常数 S 即可求出正弦电流的有效值或幅值。在微机系统中，积分常数 S 用梯形法则转换成累加和近似求出。

$$S \approx \left[\frac{1}{2} \left| i_0 \right| + \sum_{k=1}^{\frac{N}{2}-1} \left| i_k \right| + \frac{1}{2} \left| i_{\frac{N}{2}} \right| \right] T_S \tag{3-4}$$

式中　i_k——第 k 次采样值，k 取 0、1、2、…、$N/2$；

N——1 个工频周期的采样点数。

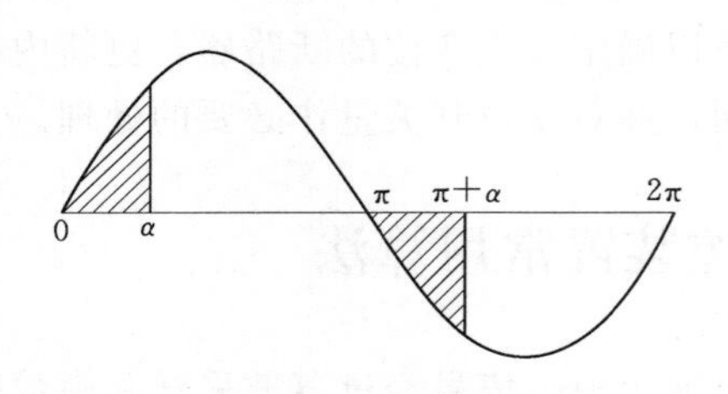

图 3－20　半周积分算法原理

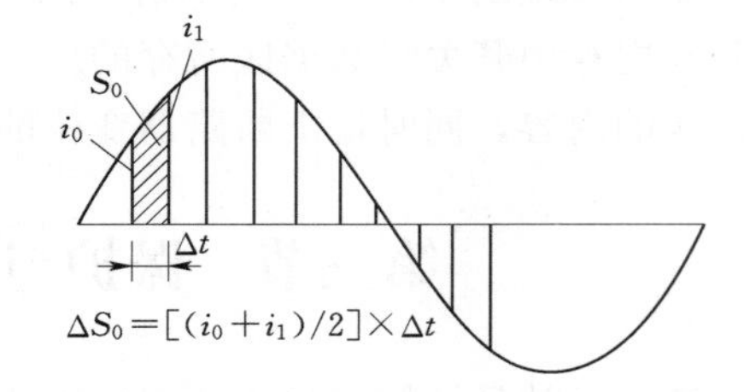

图 3－21　梯形法近似计算积分面积示意图

只要采样点数 N 足够多，用梯形法近似求取积分的误差可以做到很小，如图 3－21 所示。半周期积分算法本身具有一定的高频分量滤除能力，因为叠加在基波上的高频分量在半周期积分中其对称的正负半周互相抵消，剩余的未被抵消部分占的比重就很小了。但这种算法不能抑制直流分量，可配一个简单的差分滤波器来抑制电流中的非周期分量（直流分量）。

2. 基于周期函数模型的算法——傅氏变换算法

傅氏算法适用于周期变化的信号，即采样的模拟电压和电流除基波外还含有不衰减的直流分量和各次谐波。傅氏算法的基本思路来自傅里叶级数，以电压为例，用傅里叶级数可展开为

$$u(t)=U_0+\sum_{n=1}^{\infty}[a_n\sin n\omega_1 t+b_n\cos n\omega_1 t] \tag{3-5}$$

式中　U_0——直流分量；

a_n、b_n——各次谐波正弦项和余弦项的幅值。

若求出系数 a_n 和 b_n，则可求出各次谐波分量（包括基波）的有效值或幅值以及初相位。以基波为例

$$u_1(t)=a_1\sin\omega_1 t+b_1\cos\omega_1 t=\sqrt{2}U\sin(\omega_1 t+\alpha_1) \tag{3-6}$$

可根据 a_1 和 b_1 求出电压有效值和初相角

$$2U^2=a_1^2+b_1^2;\tan\alpha_1=b_1/a_1 \tag{3-7}$$

根据傅氏级数的原理，可求出 a_1 和 b_1

$$a_1=\frac{2}{T}\int_0^T u(t)\sin\omega_1 t\mathrm{d}t \tag{3-8}$$

$$b_1=\frac{2}{T}\int_0^T u(t)\cos\omega_1 t\mathrm{d}t \tag{3-9}$$

用梯形法则转换成累加和为

$$a_1=\frac{1}{N}\left[2\sum_{k=1}^{N-1}u_k\sin\left(k\frac{2\pi}{N}\right)\right] \tag{3-10}$$

$$b_1=\frac{1}{N}\left[u_0+2\sum_{k=1}^{N-1}u_k\cos\left(k\frac{2\pi}{N}\right)+u_N\right] \tag{3-11}$$

式中　N——一个工频周期采样点数；

u_k——第 k 次采样值，$k=0$、1、2、…、N。

同理，对于 n 次谐波来说，a_n 和 b_n 用梯形法则近似求出

$$a_n=\frac{1}{N}\left[2\sum_{k=1}^{N-1}u_k\sin kn\frac{2\pi}{N}\right] \tag{3-12}$$

$$b_n=\frac{1}{N}\left[u_0+2\sum_{k=1}^{N-1}u_k\cos kn\frac{2\pi}{N}+x_N\right] \tag{3-13}$$

则 n 次谐波有效值和初相角为

$$2U_n^2=a_n^2+b_n^2;\ \tan\alpha_n=b_n/a_n \tag{3-14}$$

二、变电站综合自动化系统功率计算算法

采用采样值可近似计算有功功率 P 和无功功率 Q。三表法功率计算方法如下：

$$P=\frac{1}{T}\int_0^T[u_a(t)i_a(t)+u_b(t)i_b(t)+u_c(t)i_c(t)]\mathrm{d}t\approx\frac{1}{N}\sum_{k=1}^{N}[u_{a.k}i_{a.k}+u_{b.k}i_{b.k}+u_{c.k}i_{c.k}] \tag{3-15}$$

$$Q=\frac{1}{T}\int_0^T\left[u_a(t)i_a\left(t+\frac{T}{4}\right)+u_b(t)i_b\left(t+\frac{T}{4}\right)+u_c(t)i_c\left(t+\frac{T}{4}\right)\right]\mathrm{d}t$$

$$\approx\frac{1}{N}\sum_{k=1}^{N}[u_{a.k}i_{a.(k+\frac{N}{4})}+u_{b.k}i_{b.(k+\frac{N}{4})}+u_{c.k}i_{c.(k+\frac{N}{4})}] \tag{3-16}$$

两表法功率计算方法如下：

$$P=\frac{1}{T}\int_0^T[u_{ab}(t)i_a(t)+u_{cb}(t)i_c(t)]dt\approx\frac{1}{N}\sum_{k=1}^{N}[u_{ab.k}i_{a.k}+u_{cb.k}i_{c.k}] \quad (3-17)$$

$$Q=\frac{1}{T}\int_0^T\left[u_{ab}(t)i_a\left(t+\frac{T}{4}\right)+u_{cb}(t)i_c\left(t+\frac{T}{4}\right)\right]dt\approx\frac{1}{N}\sum_{k=1}^{N}[u_{ab.k}i_{a.(k+\frac{N}{4})}+u_{cb.k}i_{c.(k+\frac{N}{4})}] \quad (3-18)$$

以上各式中 N 为一个工频周期采样点数。

三、数字滤波算法

数字滤波是指将输入的模拟信号经过采样和 A/D 转换变成数字量后，进行某种数学运算，将输入信号中的一些有用频率分量保存下来，衰减或消除其他分量，使之变为人们所需的信号。

（一）差分滤波器（减法滤波器）

差分滤波器的输出是当前采样值与若干采样间隔前的采样值之差，其差分方程为：

$$y(n)=x(n)-x(n-k) \quad (3-19)$$

式中 $x(n)$——$t=nT_S$（T_S 为采样周期）时的采样值；

$x(n-k)$——前 k 个 T_S 时刻（即 $T=nT_S-kT_S$）时的采样值；

$y(n)$——$t=nT_S$ 时的滤波器输出。

可见，滤波器的输出仅取决于过去和现在的输入，而与过去的输出无关，这种滤波器称为非递归型滤波器。

下面用图 3-22 来说明差分滤波器的原理。设输入信号中含有基波，其频率为 f_1，也含有 m 次谐波，其频率为 $f_m=mf_1$，如图 3-22 波形所示（图中 $m=3$，为三次谐波），则输入信号 $x(t)$ 可表示为

$$x(t)=A_1\sin2\pi f_1t+A_m\sin2\pi mf_1t \quad (3-20)$$

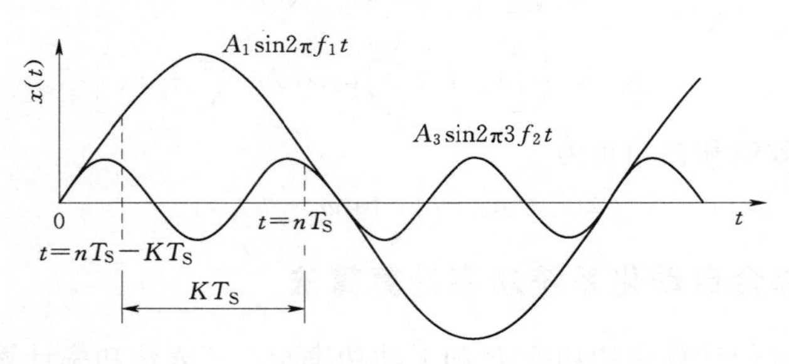

图 3-22 差分滤波器原理说明

当 kT_S 刚好等于谐波的周期 $T_m=\frac{1}{mf_1}$，或者是 $\frac{1}{mf_1}$ 的整数倍（如 p 倍，$p=1$，2，…）时，则在 $t=nT_S$ 及 $t=nT_S-kT_S$ 两点的采样值中所含该次谐波成分相等，故两点采样值相减后，恰好将该次谐波滤去，剩下基波分量。此时有 $kT_S=\frac{p}{mf_1}$，故 k 已知，则滤去的谐波次数为

$$m=\frac{p}{kT_{S}f_{1}} \tag{3-21}$$

同时，若要求滤除 m 次谐波，可计算出 k 值

$$k=\frac{p}{mT_{S}f_{1}} \tag{3-22}$$

差分滤波器主要用于：

（1）抑制故障信号中的衰减直流分量的影响。

差分滤波器的突出优点之一是完全滤除输入信号中的恒定直流分量，同时，对于衰减的直流分量也有良好的抑制作用。为减少算法的数据窗，加快计算速度，通常 $k=1$。但需要指出的是，差分滤波器对故障信号中的高频分量有一定的放大作用。因此，一般不能单独使用，需与其他如傅氏算法相配合，以保证在故障信号中同时含有衰减直流分量和其他高频分量时，仍具有良好的综合滤波效果。

（2）提取故障信号中的故障分量。

差分滤波器常用来实现故障的检测元件、选相元件以及其他利用故障分量原理构成的保护。

（二）加法滤波器

加法滤波器的差分方程为

$$y(n)=x(n)+x(n-k) \tag{3-23}$$

显然，这种滤波器也是非递归型数字滤波器。加法滤波器的物理意义也是很明显的。如图 3-23 所示的正弦波，设其频率为 f，在 $t=nT_S$ 和 $t=nT_S-kT_S$ 两点采样，若此两点相距为该正弦波的 1/2 周期，则此两点采样值正好大小相等，符号相反，相加后输出为 0，正好消除该次谐波。此时有

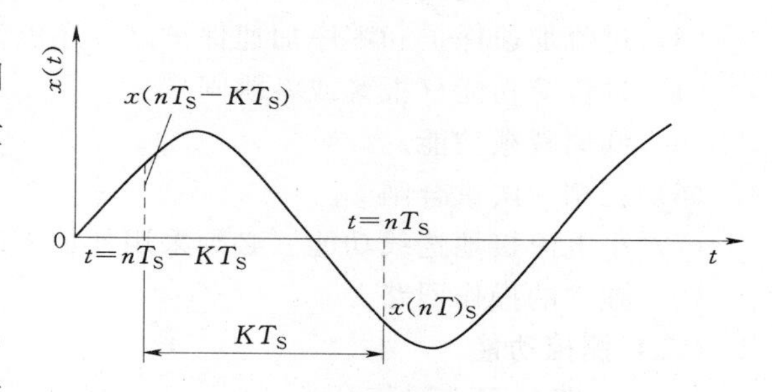

图 3-23　加法滤波器原理示意图

$$kT_{S}=\frac{1}{2}\cdot\frac{1}{f}=\frac{1}{2mf_{1}} \tag{3-24}$$

事实上，kT_S 为 $\left(p-\frac{1}{2}\right)\frac{1}{mf_1}$ 时都可以消除 m 次谐波，其中 $p=1、2、\cdots$，f_1 为基波频率。于是有

$$kT_{S}=\frac{p-\frac{1}{2}}{mf_{1}} \tag{3-25}$$

例如要消除三次谐波时，设对于基波每周采样 12 点，即 $T_S=\frac{1}{12f_1}$，$m=3$，取 $p=1$，则得 $k=2$，即相隔两个采样点的两个采样值相加就可以消除三次谐波及其奇数倍谐波。

在某些情况下加法滤波器也可以用作增量元件。若输入信号中只有奇次谐波，当取 $kT_S=\frac{1}{2f_1}$时，可以滤除 $m=2p-1$ 次谐波，即 1、3、5、⋯次谐波，其中包括基波分量。再配以一个数据窗较短的差分滤波器以滤除直流分量，就可以使加法滤波器，在正常运行的负荷情况下及稳态短路情况下的输出为 0，仅在短路后的半个周期内有输出，此时输出

的是故障分量。

第四节　保护测控装置举例

本节以 RCS－9611C 线路保护测控装置为例介绍微机装置的功能及硬件构成。RCS－9611C 线路保护测控装置用作 110kV 以下电压等级的非直接接地系统或小电阻接地系统中的线路的保护及测控装置，可组屏安装，也可在开关柜就地安装。

一、保护配置和功能

（一）保护配置

（1）三段可经复压和方向闭锁的过流保护。

（2）三段零序过流保护。

（3）过流加速保护和零序加速保护（零序电流可自产也可外加）。

（4）过负荷功能（报警或者跳闸）。

（5）低周减载功能。

（6）三相一次重合闸。

（7）小电流接地选线功能（必须采用外加零序电流）。

（8）独立的操作回路。

（二）测控功能

（1）20 路自定义遥信开入。

（2）一组断路器遥控分/合（选配方式至多可提供三组遥控）。

（3）I_{am}、I_{cm}、I_0、U_A、U_B、U_C、U_{AB}、U_{BC}、U_{CA}、U_0、F、P、Q、$\cos\varphi$ 共 14 个遥测量。

（4）事件 SOE 记录等。

（三）保护信息功能

（1）装置描述的远方查看。

（2）系统定值的远方查看。

（3）保护定值和区号的远方查看、修改功能。

（4）软压板状态的远方查看、投退、遥控功能。

（5）装置保护开入状态的远方查看。

（6）装置运行状态（包括保护动作元件的状态、运行告警和装置自检信息）的远方查看。

（7）远方对装置信号复归。

（8）故障录波上送功能。

支持电力行业标准 DL/T 667—1999（IEC 60870—5—103 标准）通信规约，配有以太网通信（100Mbps），超五类线或光纤通信接口。

二、硬件原理说明

图 3－24 为 9611C 标准配置的硬件图。

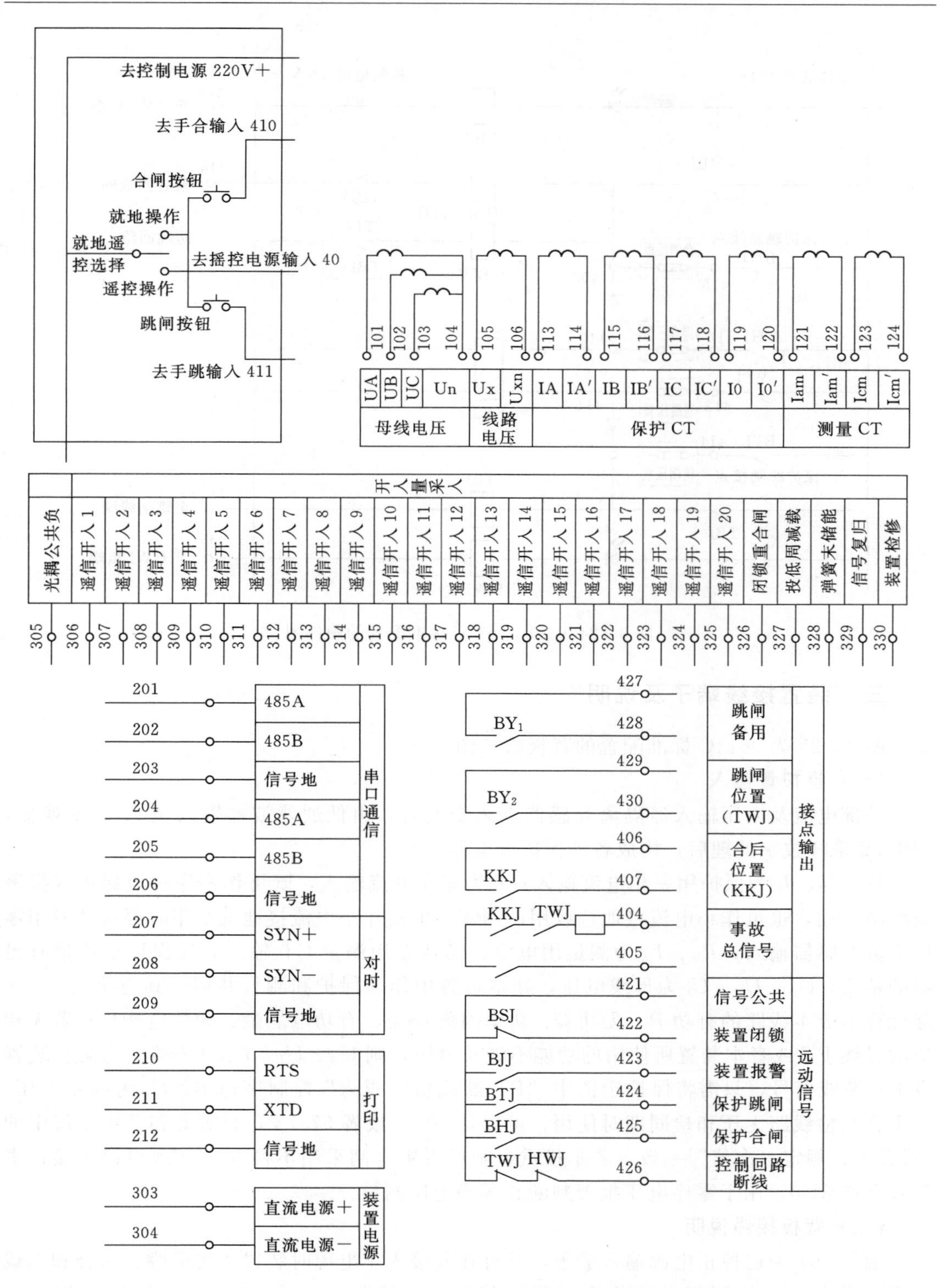

图 3-24（一） 9611C 标准配置的硬件图

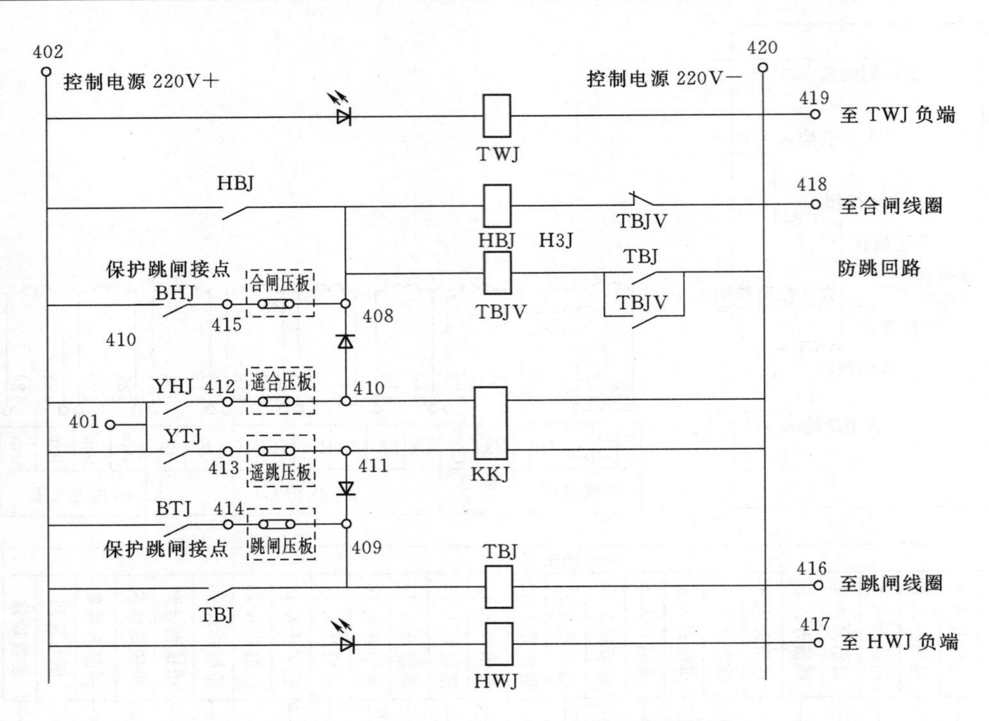

图 3-24（二）　9611C 标准配置的硬件图

三、装置接线端子及说明

图 3-25 为 9611C 标准配置的背板端子图。

（一）模拟量输入

外部电流及电压输入经隔离互感器隔离变换后，由低通滤波器输入至 A/D 变换器，CPU 经采样数字处理后，构成各种保护继电器。

I_A、I_B、I_C为保护用三相电流输入；I_0为零序电流输入，既可作零序过流保护（报警或跳闸）用，也可作小电流接地选线用。当零序电流作小电流接地选线用时要求从专用零序电流互感器输入；I_{am}、I_{cm}为测量用电流，需从专用测量 CT 输入，以保证遥测量有足够的精度；U_A、U_B、U_C为母线电压，在本装置中作为保护和测量共用，其与 I_{am}、I_{cm}一起计算形成本线路的有功 P、无功 Q、功率因数 $\cos\varphi$、有功电能量、无功电能量；若无相应的母线 PT 或者本装置所使用的功能不涉及电压，则 U_A、U_B、U_C可不接。为防止装置发 PT 断线信号，只需将保护定值中“PT 断线检测投入”控制字退出；U_X为线路电压，在重合闸检线路无压和检同期时使用，可以是 100V 或者 57.7V，只需要和系统定值中的“线路 PT 额定二次值”一致。若不投重合闸或者重合闸采用不检方式，U_X可以不接；本装置自产 3U0，用于零序电压报警判断和零序电压测量。

（二）背板接线说明

端子 401 为遥控正电源输入端子，只有在其接入正电源时装置才将遥跳、遥合和选线功能、远方修改软压板功能投入，同时其亦是遥控跳闸出口（413）和遥控合闸出口（412）的公共端；端子 402 为控制正电源输入端子，同时其亦是保护跳闸出口（414）和

名称	端子
遥控电源＋	401
控制电源＋	402
	403
事故总信号	404
	405
合后位置（KKJ）	406
	407
保护合闸入口	408
保护跳闸入口	409
手动合闸入口	410
手动跳闸入口	411
遥控合闸出口	412
遥控跳闸出口	413
保护跳闸出口	414
保护合闸出口	415
跳闸线圈	416
HWJ	417
合闸线圈	418
TWJ－	419
控制电源－	420
遥信公共	421
装置闭锁(BSJ)	422
运行报警(BJJ)	423
保护跳闸信号	424
保护合闸信号	425
控制回路断线信号	426
跳闸备用	427
	428
跳闸位置（TWJ）	429
	430

名称	端子
电源地	301
	302
装置电源＋	303
装置电源－	304
遥信开入公共负	305
遥信开入 1	306
遥信开入 2	307
遥信开入 3	308
遥信开入 4	309
遥信开入 5	310
遥信开入 6	311
遥信开入 7	312
遥信开入 8	313
遥信开入 9	314
遥信开入 10	315
遥信开入 11	316
遥信开入 12	317
遥信开入 13	318
遥信开入 14	319
遥信开入 15	320
遥信开入 16	321
遥信开入 17	322
遥信开入 18	323
遥信开入 19	324
遥信开入 20	325
闭锁重合闸	326
投低周减线	327
弹簧未储能	328
信号复归	329
装置检修	330

以太网 A

以太网 B

COM

分组	名称	端子
串口通讯	485A	201
	485B	202
	信号地	203
	485A	204
	485B	205
	信号地	206
对时	SYN＋	207
	SYN－	208
	信号地	209
打印	KIS	210
	TXD	211
	信号地	212

端子	名称	名称	端子
101	Ua	Ub	102
103	Uc	Un	104
105	Ux	Uxn	106
107			108
109			110
111			112
113	IA	IA′	114
115	IB	IB′	116
117	IC	IC′	118
119	I0	I0′	120
121	Iam	Iam′	122
123	Icm	Icm′	124

接地端子

图 3-25　9611C 背板端子图

保护合闸出口（415）的公共端。

端子 404～405 为事故总输出空接点。

端子 406～407 为 KKJ（合后位置）输出空接点。

端子 408 为保护合闸入口。

端子 409 为保护跳闸入口。

端子 410 为手动合闸入口。

端子 411 为手动跳闸入口。

端子 412 为遥控合闸出口（YHJ），可经压板或直接接至端子 410。

端子 413 为遥控跳闸出口（YTJ），可经压板或直接接至端子 411。

端子 414 为保护跳闸出口（BTJ），可经压板接至端子 409。

端子 415 为保护合闸出口（BHJ），可经压板接至端子 408。

端子 416 接断路器跳闸线圈。

端子 417 为合位监视继电器负端。

端子 418 接断路器合闸线圈。

端子 419 为跳位监视继电器负端。

端子 420 为控制负电源输入端子。

端子 421～426 为信号输出空接点，其中 421 为公共端。

端子 422 对应装置闭锁信号输出。

端子 423 对应装置报警信号输出。

端子 424 对应保护跳闸信号输出，可经跳线选择是否保持。

端子 425 对应保护合闸信号输出，可经跳线选择是否保持。

端子 426 对应控制回路断线输出。

端子 427～428 定义成跳闸接点（TJ），所有跳闸元件均经此接点出口。

端子 429～430 定义成跳闸位置（TWJ）接点。

端子 301 为保护电源地。该端子和装置背面右下的接地端子相连后再与变电站地网可靠联结。

端子 303 分别为装置电源正输入端。

端子 304 分别为装置电源负输入端。

端子 305 分别为遥信开入公共负输入端。

端子 306～330 为遥信开入输入端，其中 306～309 可以是普通遥信亦可整定成断路器位置信号或遥控投入信号的输入端，310～325 为普通遥信。

端子 326 为闭锁重合闸开入。

端子 327 为投低周减载开入。

端子 328 为弹簧未储能开入，弹簧未储能延时 400ms 闭锁重合闸。

端子 329 为信号复归开入。

端子 330 为装置检修开入。当该开入投入时，装置将屏蔽所有的远动功能。

端子 201～206 为两组 485 通信口。

端子 207～209 为硬接点对时输入端口，接 485 差分电平。

端子 210～212 为打印口。

端子 101～104 为母线电压输入。

端子 105～106 为线路电压输入，可以是 100V 或者 57.7V，需要和系统定值中的“线路 PT 额定二次值”一致。

端子 113～114 为保护用 A 相电流输入。

端子 115～116 为保护用 B 相电流输入。

端子 117～118 为保护用 C 相电流输入。

端子 119～120 为零序电流输入。

端子 121～122 为 A 相测量电流输入。

端子 123～124 为 C 相测量电流输入。

在装置内部已经通过位置监视回路、KKJ 回路、遥控回路（涉及端子 401、420）采集到 TWJ、HWJ、KKJ 以及遥控投入信号（YK）。这些信号参与相关的保护功能和远动功能，并就地记录和上传。

有时现场操作机构不需跳合闸保持回路或者现场使用的是外部操作回路的跳合闸保持回路，只需本装置提供跳合闸出口和遥控出口。此时位置监视回路、跳合闸保持回路、KKJ 回路和遥控回路均不接。相应的，位置信号和遥控投入信号也无法在内部采集。

为了引入这些信号，装置设置了辅助参数。通过辅助参数的整定可以将端子 306～309 定义成位置信号（TWJ、HWJ、KKJ）及遥控投入信号（YK）入口。

本　章　小　结

本章主要介绍了间隔层保护与测控装置的硬件和软件。

微机保护装置、测控装置、自动装置、保护测控装置硬件上区别不大，采用标准机箱，内部为插件。不同的保护测控装置机箱，应用的电压等级不同，用途不同，功能不同，厂家不同，标准机箱及插件构成也不完全相同，但标准机箱及其插件的基本结构是大致相同的。一般设有交流插件、A/D 转换插件、录波插件、CPU 插件、继电器插件、电源插件、人机对话插件等。

从功能上来讲保护测控装置硬件主要包括模拟量输入回路、微机系统、开关量输入/输出回路、人机对话接口回路、通信回路和电源等。其中，模拟量输入回路、开关量输入/输出回路是重点内容。

所谓算法，就是计算机将连续型的电压、电流等模拟信号经过离散采样和 A/D 变换成为可用计算机处理的数字量后，对这些数字量（采样值）进行分析、计算，从而得到所需电气量参数，并实现各种保护和监控功能的方法。半周积分法用于理想的正弦信号，而傅氏算法用于周期信号。

数字滤波是指将输入的模拟信号经过采样和 A/D 转换变成数字量后，进行某种数学运算，将输入信号中的一些有用频率分量保存下来，衰减或消除其他分量，使之变为人们所需的信号。本章仅介绍了较简单的加法滤波和减法滤波。

【习　　题】

3-1　填空题

1. 交流插件的作用是__________。

2. 若电流信号最高频率为 400Hz，则最低采样频率为________，每工频周期采样________点。

3. 各种保护、测控单元的硬件结构__________，所不同的是__________与__________数量不同。

4. 测控装置的作用是__________________。

5. 差分滤波器的算法表达式是______________。

6. 加法滤波器的算法表达式是______________。

3-2　选择题

1. 对于采样保持有关的下列说法中，正确的是（　　）。

A　采样和保持时间越短越好　　B　采样和保持时间越长越好

C　采样时间短，保持时间长为好　　D　采样时间长，保持时间短为好

2. 在变电站综合自动化系统所采集的开关量是（　）。

A　电压、电流等电气量　　B　时间、温度等非电气量

C　各种开关设备的状态信号　　D　各种脉冲量

3-3　判断题

1. 采集系统中D/A转换器的主要作用是将模拟量转换成数字量。（　）

2. 傅氏算法本身具有一定的滤波作用，因此不能用于谐波分析算法。（　）

3-4　名词解释

1. 算法

2. 数字滤波

3. 低通滤波

4. 采样

5. VFC

3-5　简答题

1. 模拟量输入回路由几部分组成，各部分的作用是什么，如何实现。

2. 分析开关量输入/输出回路的工作原理。

3-6　计算题

已知 $i=\sin(314t+30°)$，每工频周期采样12点，试用半周积分法计算电流幅值。

第四章　变电站综合自动化系统的自动控制装置

【教学目标】

（1）能分析说明电力系统调压措施。

（2）掌握九区图调压原理及方法。

（3）了解电压无功综合调压控制方式。

（4）理解备自投装置作用、备用方式、要求及软件实现原理。

（5）了解电力系统频率的动态特性。

（6）理解低频减载装置作用、基本要求及原理。

（7）了解小接地电流选线装置作用及原理。

（8）理解故障录波装置作用、启动判据。

（9）熟悉录波数据记录方式，能对故障录波波形进行分析。

第一节　电压无功综合调压装置

电压是衡量电能质量的一个重要指标，保证用户处的电压接近额定值是电力系统运行调整的基本任务之一。

电压偏移过大不仅对用户的正常工作产生不利影响，还可能使网损增大，甚至危害系统运行的稳定性。

长期的研究结果表明，造成电压质量下降的主要原因是系统无功功率不足或无功功率分布不合理，所以电压调整问题主要是无功功率的补偿与分布问题。

下面以简单网络为例说明无功功率平衡与电压水平的关系，如图 4－1（a）所示。隐极发电机经过一段线路向负荷供电，略去元件电阻，X 是发电机与线路电抗之和，假设发电机和负荷的有功功率为定值。

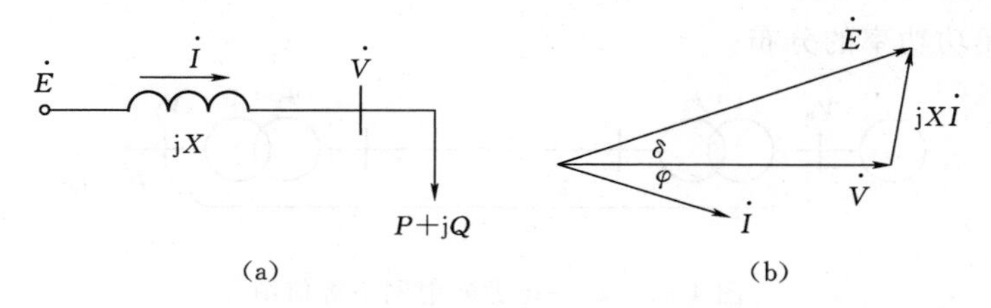

图 4－1　无功功率与电压关系图

根据图 4－1（b）相量图可以求出发电机送到负荷节点的功率为

$$P=VI\cos\varphi=\frac{EV}{X}\sin\delta \tag{4-1}$$

$$Q=VI\sin\varphi=\frac{EV}{X}\cos\delta-\frac{V^2}{X} \tag{4-2}$$

当功率 P 一定时，有

$$Q=\sqrt{\left(\frac{EV}{X}\right)^2-P^2}-\frac{V^2}{X} \tag{4-3}$$

当电势 E 为一定值时，无功功率 Q 同电压 V 的关系如图 4-2 曲线 1 所示，是一条向下开口的抛物线。由于负荷的主要成分是异步电动机，其无功功率—电压特性如图 4-2 中曲线 2 所示。曲线 1 和曲线 2 的交点 a 确定了负荷节点的电压 V_a，或者说，系统在电压 V_a 下，达到了无功功率的平衡。

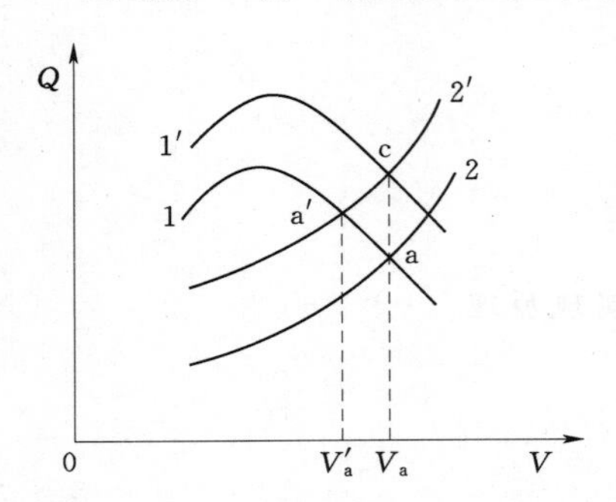

图 4-2　无功功率和电压关系曲线图

当无功负荷增加时，负荷的无功电压特性曲线变为 2′，此时电源的无功功率仍旧是曲线 1，曲线 1 和曲线 2′的交点 a′就代表了新的无功功率平衡点，并由此决定了负荷点的电压为 V'_a。可见，由于负荷无功大于电源发出无功，导致负荷节点电压降低，即 V'_a小于 V_a。

如果发电机有充足的无功备用，通过调节励磁电流，增大发电机的电势 E，则发电机的无功特性曲线将上移到曲线 1′的位置，从而使曲线 1′和 2′的交点 c 所确定的负荷节点电压达到或接近原来的数值 V_a。

由此可见，系统的无功电源比较充足，能满足较高电压水平下的无功平衡的需要，系统就有较高的运行电压水平；反之，无功不足就反映为运行电压水平偏低。

一、电力系统调压原理

以图 4-3 单一电源辐射网络为例，考虑线路电压损耗和变压器变比后，负荷端电压为

$$V_b=(V_G k_1-\Delta V)/k_2\approx\left(V_G k_1-\frac{PR+QX}{V}\right)\Big/k_2 \tag{4-4}$$

可见，为了调整用户端电压 V_b 可采取以下措施：

(1) 调节励磁电流以改变发电机端电压 V_G。

(2) 适当选择变压器的变比。

(3) 改变线路的参数。

(4) 改变无功功率的分布。

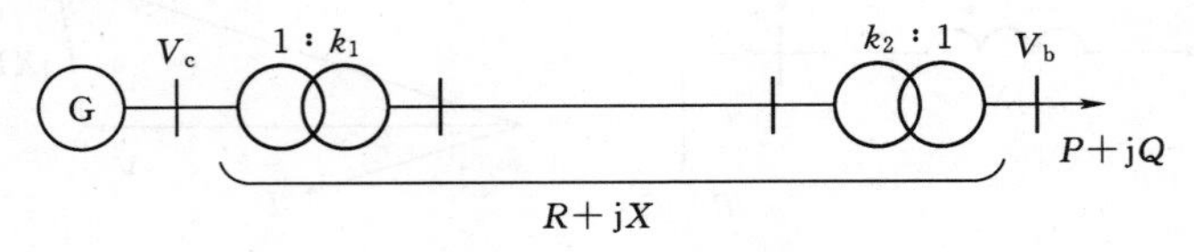

图 4-3　单一电源辐射网络等值图

二、电力系统调压的主要手段

1. 发电机调压

发电机运行电压不超过±5%额定电压，短线路可通过改变发电机端电压来满足负荷

点的电压质量要求。长线路从发电机到最远处负荷之间在最大负荷时总电压损耗达35%，最小负荷时为15%，此时发电机调压不能满足。

2. 改变变压器变比调压

在利用有载调压变压器分接头进行调压时，调压本身并不产生无功功率，因此在整个系统无功不足的情况下不可用这种方法来提高全系统的电压水平。

3. 无功功率补偿调压

利用补偿电容器进行调压，由于补偿装置本身可产生无功功率，这种方式既能弥补系统无功的不足，又可改变网络中的无功分布。然而在系统无功充足但由于无功分布不合理而造成电压质量下降时，这种方式又是无能为力的。

4. 线路串联电容补偿调压

利用电容器的容抗补偿线路的感抗，使线路电压损耗中QX/V分量减少，从而提高线路末端电压。

本节主要讲述变电站调压措施，由于调节变压器分接头和投切电容器各有优缺点，为了提高电压合格率和降低损耗，目前各种电压等级的变电站中普遍采用了电压、无功综合控制装置。

电压无功综合控制装置就是利用有载调压变压器和并联电容器组，根据实际运行情况自动调整本站的电压和无功，以保证负荷侧母线电压和进线功率因数在规定的范围之内的一种装置。

三、电压无功综合调压装置

（一）实现方式

1. 采用硬件装置实现

采样有载调压变压器和并联补偿电容器的数据，通过控制和逻辑运算全站的电压和无功自动调节，以保证负荷侧母线电压和进线功率因数在规定的范围之内，同时有功损耗尽可能低的一种装置。

这种装置具有独立的硬件，不受其他设备的运行状态影响，可靠性较高。这种装置适合在电网网架结构尚不太合理，基础自动化水平不高的电力网的变电站内使用。

2. 采用软件VQC实现

这种方式是在就地监控站利用现成的遥测、遥信信息，通过运行控制算法，用软件来实现变电站电压和无功自动调节。

这种方法可以发展为通过调度中心实施全系统电压与无功的综合在线控制。这是保持系统电压正常、提高系统运行的可靠性的最佳方案。当然这种方法的实施前提条件是电网网架结构合理，基础自动化水平高，尤其适用于综合自动化的变电站中。在这种系统中最明显的优点就是变电站全站硬件资源共享、信息共享，能采集到齐全的信息，不需要为电压和无功综合控制专门设置硬件装置。

（二）对电压无功综合调压装置的基本要求

（1）自动监视识别变电站的运行方式和运行状态，从而正确地选择控制对象并确定相应的控制方法。

（2）对目标电压、电压允许偏差范围和功率因数上下限等应能进行灵活整定。

（3）变压器分接头控制和电容器组投切应能考虑各种条件的限制。

（4）控制命令发出后应能自动进行检验以确定动作是否成功；若不成功，应能进行相应的处理，每次动作应有打印的记录。

（5）对变电站的运行情况，如各断路器状态，主接线运行方式，变压器分接头位置，母线电压，主变压器无功等参数应能清晰地予以显示，并设置故障录波器。

（6）应具有自检、自恢复功能，做到硬件可靠，软件合理，维修方便且具有一定的灵活性和活应性。

（三）电压无功综合调压装置原理

变电站电压、无功综合控制装置的控制对象主要是变压器分接头和并联电容组，控制目的是保证主变压器二次电压在允许范围内，且尽可能提高进线的功率因数，故一般选择电压和进线处功率因数（或无功功率）作为状态变量。根据这两个状态变量的大小，可将变电站的运行状态划分为9个区域，如图4-4所示，简称“九区图”。

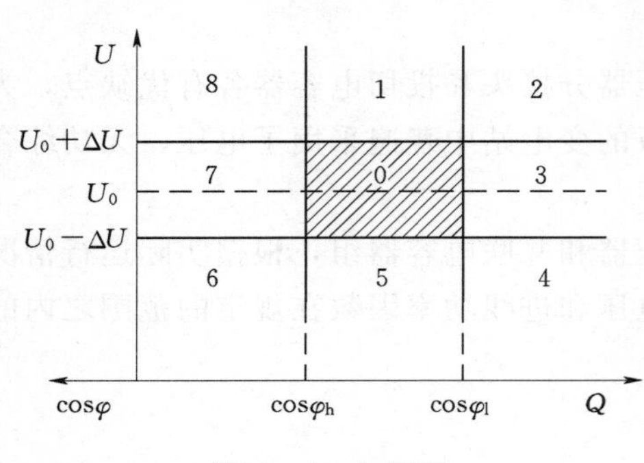

图4-4　九区图

当变电站运行于0区域时，电压和功率因数均合格，此时不需要进行调整；运行于其他区域时，均需进行调整。

1. 单参数越限

当变电站运行于1区域时，电压超过上限而功率因数合格，此时应调整变压器分接头使电压降低。如单独调整变压器分接头无法满足要求时，可考虑强行切除电容器组。

当变电站运行于5区域时，电压低于下限而功率因数合格，此时应调整变压器分接头使电压升高，直至分接头无法调整（次数限制或挡位限制）。

当变电站运行于3区域时，功率因数低于下限而电压合格，此时应投入电容器组直至功率因数合格。

当变电站运行于7区域时，功率因数超过上限而电压合格，此时应切除电容器组直至功率因数合格。

2. 双参数越限

当变电站运行于2区域时，电压超过上限而功率因数低于下限，此时如先投入电容器组，则电压会进一步上升。因此先调整变压器分接头使电压降低，待电压合格后若功率因数仍越限再投入电容器组。

当变电站运行于4区域时，电压和功率因数同时低于下限，此时如先调整变压器分接头升压，则无功需求增加，无功会更加缺乏。因此应先投入电容器组，待功率因数合格后若电压越限再调整变压器分接头使电压升高。

当变电站运行于6区域时，电压低于下限而功率因数超过上限，此时如先切除电容器组，则电压会进一步下降。因此应先调整变压器分接头使电压升高，待电压合格后若功率因数仍越限再切除电容器组。

当变电站运行于8区域时，电压和功率因数同时超过上限，此时如先调整变压器分接头降压，则无功需求减少，无功会更加过剩。因此应先切除电容器组，待功率因数合格后若电压仍越限再调整变压器分接头使电压降低。

3. 主变挡位调整应遵循以下条件和要求

（1）多台变压器并列运行时必须保证同步调挡。

（2）确保有载调压分级进行，一次调一挡，前后两次调挡应有一定延时。

（3）人工闭锁或主变保护动作或主变停运闭锁调挡。

（4）调挡命令发出后要进行校验，发现拒动、滑挡闭锁调挡机构。

（5）主变过负荷、母线电压太低闭锁调挡。

（6）主变故障、母线故障闭锁调压。

（7）主变的挡位已达极限或出现滑挡等闭锁调压。

4. 电容投切操作应满足以下条件和要求

（1）电容器组的投切应实行轮流原则，即保证先投者先切，先切者先投。

（2）电容器组轮换投切应考虑运行方式的影响，当多台主变既有关联又有独立性时，应各自投入本身的电容器。

（3）人工投切的电容器组也应参加排队。

（4）主变低压侧电压过高或过低应闭锁电容的投切。

（5）电容器检修或保护动作应闭锁投切。

（6）母线故障、电容器正常退出运行时闭锁投切。

四、电压无功综合调压控制方式

1. 集中控制方式

集中控制方式是指在调度中心对各个变电站的主变压器的分接头位置和无功补偿设备进行统一的控制。

2. 分散控制方式

这是我国当前进行电压、无功调节控制的主要方式。分散控制是指在各个变电站或发电厂中，自动调节有载调压变压器的分接头位置或其他调压设备，以控制地区的电压和无功功率在规定的范围内。

3. 关联分散控制方式

所谓关联分散控制，是指电力系统正常运行时，由分散安装在各厂、站的分散控制装置或控制软件进行自动调控；而在系统负荷变化较大或紧急情况，以及系统运行方式发生大的变动时，可由调度中心直接操作控制，或由调度中心，修改下属变电站所应维持的母线电压和无功功率的定值，以满足系统运行方式变化后新的要求。

关联分散控制最大的优点是在系统正常运行时，做到责任分散、控制分散、危险分散；在紧急情况下，执行应急任务，因而可以从根本上提高全系统的可靠性和经济性。

第二节　备用电源自动投入装置

备用电源自动投入装置是电力系统故障或其他原因使工作电源被切断后，能迅速将备用电源或其他正常工作的电源自动投入工作，使原来工作电源被断开的用户能迅速恢复供电的一种自动控制装置，简称 AAT 装置或 BZT 装置。

一、备用电源的配置方式

备用电源的配置一般分为明备用和暗备用。系统正常时，备用电源不工作，称为明备用，如图 4-5（a）所示；系统正常时，备用电源也投入运行，称为暗备用（实际上是两个工作电源互为备用），如图 4-5（b）、(c）所示。

1. 明备用的控制

如图 4-5（a）所示，正常运行时 1QF 合，2QF 断，BZT 控制的是备用电源进线 2QF。当 1L 因故障被 1QF 断开后，备用 2QF 自动合闸，保证变电站的正常供电。

2. 暗备用的控制

如图 4-5（b）所示，正常运行时 3QF 断开，1QF 和 2QF 闭合，当 1L 因故障被 1QF 断开后，BZT 动作，将 3QF 合上。

如图 4-5（c）所示，正常运行时 5QF 断开，Ⅰ段母线和Ⅱ段母线因某种原因失电时，在 3QF 或 4QF 断开后，5QF 合上。

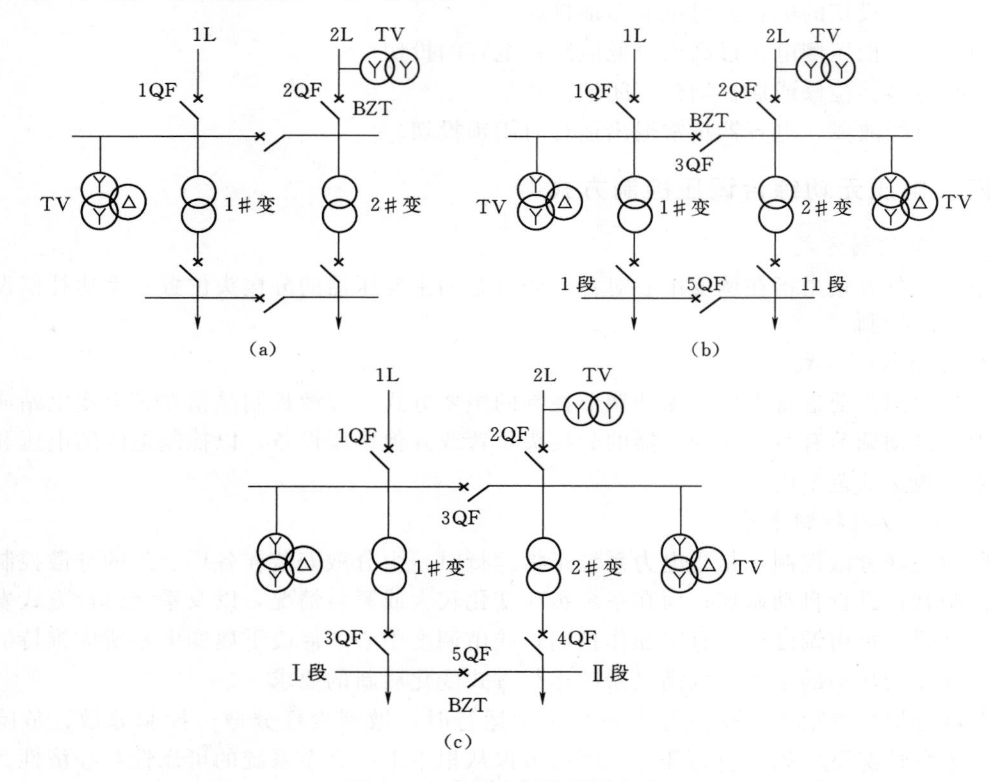

图 4-5　备用电源的配置方式

二、对备用电源自动投入装置的基本要求

（1）工作电源确实断开后，备用电源才投入。

（2）备用电源自动投入前，切除工作电源断路器必须延时。

（3）手动跳开工作电源时，备用电源自动投入装置不应动作。

（4）应具有闭锁备用电源自动投入装置的功能。

（5）备用电源不满足有压条件，备用电源自动投入装置不应动作。

（6）工作母线失压时还必须检查工作电源无流，才能启动备用电源自动投入，以防止TV二次三相断线造成误投。

（7）备用电源自动投入装置只允许动作一次。

三、备用电源自动投入装置的软件原理

在图4-6所示的一次接线中，有4种备用方式，备用方式1和备用方式2是变压器T_1和T_2各带一组母线分列运行，分段断路器QF_5断开，备用电源自动投入装置控制QF_5的合闸，属暗备用方式；备用方式3和备用方式4是一台变压器带母线Ⅲ和母线Ⅳ运行，分段断路器QF_5闭合，而另一台变压器作为备用电源，属明备用方式。

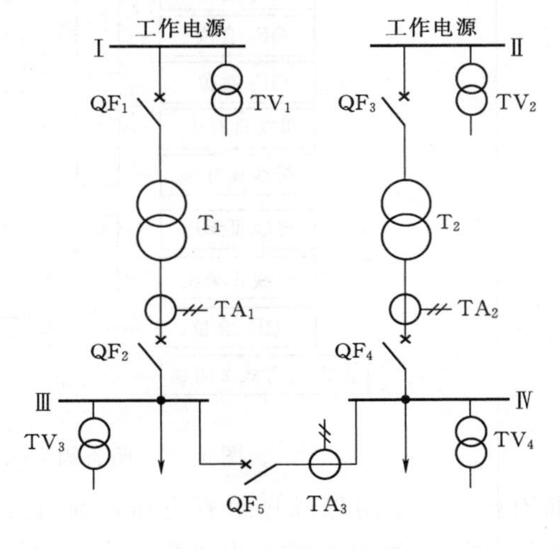

图4-6　一次主接线

（一）暗备用方式的AAT软件原理

图4-7为暗备用方式下AAT装置的软件逻辑框图。备用方式1即图4-6中T_1、T_2分列运行，QF_2跳开后QF_5由AAT装置动作自动合上的过程；备用方式2即图4-6中T_1、T_2分别运行，QF_4跳开后QF_5由AAT装置动作自动合上的过程。读者可自行分析。

1. AAT装置的启动方式

（1）方式一：由图4-7（c）分析可知，当QF_2在跳闸状态，并满足母线Ⅲ无进线电流，母线Ⅳ有电压的条件，Y_9动作，H_4动作，在Y_{11}满足另一输入条件时合QF_5，此时QF_2处于跳闸位置，而其控制开关仍处于合闸位置，即当二者不对应就启动备用电源自动投入装置，这种方式为装置的主要启动方式。

（2）方式二：当电力系统侧各种故障导致工作母线Ⅲ失去电压，此时分析图4-7（a）可知，在满足母线Ⅲ进线无电流，备用母线Ⅳ有电压的条件，Y_2动作，经过延时，跳开QF_2，再由方式一启动备用电源自动投入装置，使QF_5合闸。这种方式可看做是对方式一的辅助。

以上两种方式保证无论任何原因导致工作母线Ⅲ失去电压均能启动备用电源自动投入装置，并且保证QF_2跳闸后QF_5才合闸的顺序，并且从图的逻辑框图中可知，工作母线Ⅲ与备用母线Ⅳ同时失去电压时，装置不会动作；备用母线Ⅳ无电压，装置同样不会动作。

2. AAT装置“充电”功能

从图4-7（c）中看到，当满足QF_2、QF_4在合闸状态，QF_5在跳闸状态，工作母线

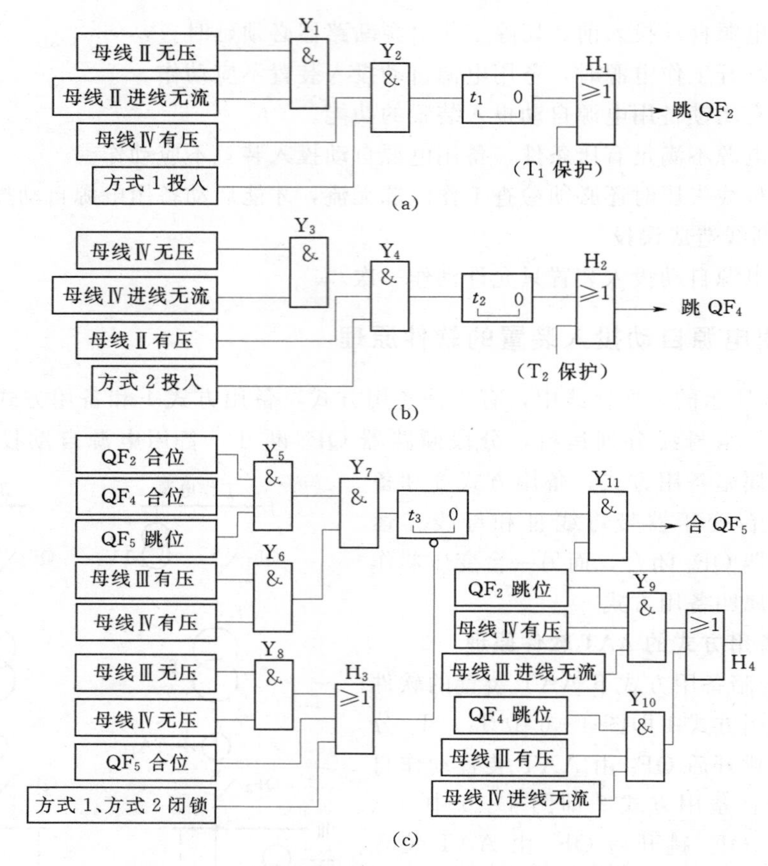

图4-7 暗备用方式的AAT装置软件逻辑框图

Ⅲ有电压，备用母线Ⅳ也有电压，并且无装置的“放电”信号，则 Y_5 动作，使 t_3 “充电”，经过10～15s的充电过程，为 Y_{11} 的动作做好了准备，一旦 Y_{11} 的另一输入信号满足条件，装置即动作，合上 QF_5。

AAT装置的“充电”条件是：

（1）变压器 T_1 和 T_2 分列运行，即 QF_2 处于合闸位置，QF_4 处于合闸位置，QF_5 处于跳闸位置，所以与门 Y_1 动作。

（2）母线Ⅲ和母Ⅳ均有三相电压，与门 Y_6 动作。

3.AAT装置的“放电”功能

当满足 QF_5 在合闸状态或者工作母线及备用母线Ⅳ无电压，则 t_3 瞬时“放电”，Y_{11} 不能动作，即闭锁AAT装置。

AAT装置的“放电”条件是：

（1）QF_5 处于合闸位置。

（2）母线Ⅲ和母线Ⅳ均三相均无电压。

（3）备用方式1和备用方式2闭锁投入。

4. AAT装置的动作过程

（1）若工作变压器 T_1 故障，T_1 保护动作信号经 H_1 使 QF_2 跳闸。

（2）工作母线Ⅲ发生短路故障，T_1 后备保护动作信号经 H_1 使 QF_2 跳闸。

（3）工作母线Ⅲ出线上发生短路故障而没有被该出线断路器断开时，同样由 T_1 后备保护动作经 H_1 使 QF_2 跳闸。

（4）电力系统内故障使母线Ⅲ失压，在母线Ⅲ 进线无流母线Ⅳ有压情况下经时间 t_1 使 QF_2 跳闸。

（5）QF_1 误跳闸时，母线Ⅲ失压，母线Ⅲ进线无流，母线Ⅳ有压情况下经时间 t_1 使 QF_2 跳闸，或是 QF_1 跳闸时联跳 QF_2。

（6）QF_2 跳闸后，在确认已跳开备用母线有电压情况下，Y_{11} 动作，QF_5 合闸。当合与故障时，QF_5 保护加速动作，QF_5 跳开，AAT 不再动作。

（二）明备用方式下 AAT 装置的软件原理

如图 4－8 所示，在母线Ⅰ、母线Ⅱ均有电压的情况下，QF_2、QF_5 处于合位，QF_4

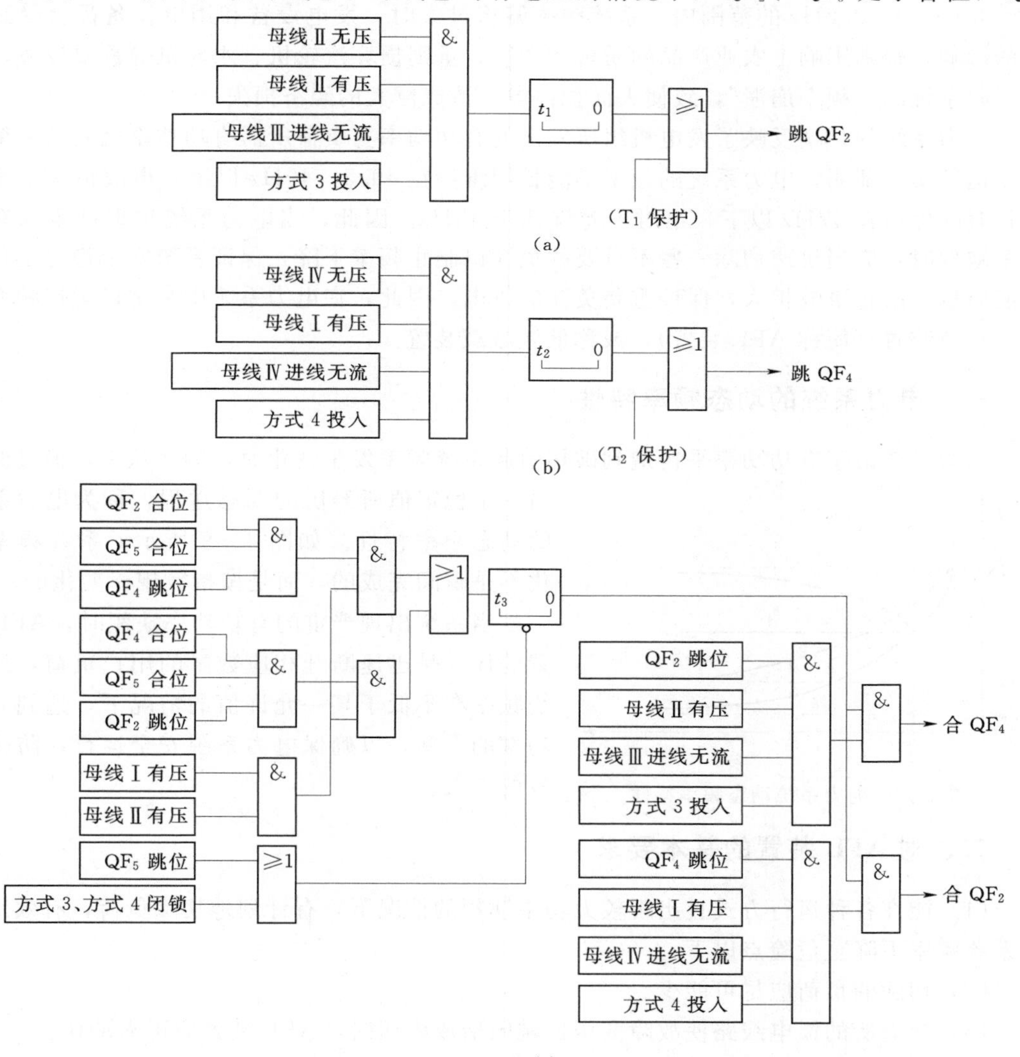

图 4－8　明备用方式 AAT 装置的软件逻辑框图

处于跳位（备用方式 3），或者 QF_4、QF_5 处于合位，而 QF_2 处于跳位（备用方式 4）时，时间元件 t_3 充电，经 10～15s 充电完成，为 AAT 装置动作准备好了条件。

当 QF_5 处于跳位或备用方式 3、备用方式 4 闭锁投入时，t_3 瞬时放电，闭锁 AAT 装置。

当出现任何原因使得工作母线失压时，在确认工作母线受电侧断路器跳开，备用母线有电压，备用方式 3 或 4 投入的情况下，AAT 装置动作，负荷由备用电源供电。

第三节　自动按频率减负荷装置

电力系统的频率是电能质量重要的指标之一。电力系统正常运行时，必须维持频率在 50±0.1～50±0.2Hz 的范围内。系统频率偏移过大时，发电设备和用电设备都会受到不良的影响，轻则影响工农业产品的质量和产量；重则损坏汽轮机、水轮机等重要设备，甚至引起系统的“频率崩溃”，致使大面积停电，造成巨大的经济损失。

电力系统的频率反映了发电机组所发出的有功功率与负荷所需有功功率之间的平衡状况。运行实践证明，电力系统的频率不能长期维持在 49.5～49Hz 以下，事故情况下不能较长时间停留在 47Hz 以下，绝对不允许低于 45Hz。因此，当电力系统出现严重的有功功率缺额时，应当迅速切除一些不重要的负荷以制止频率下降，保证系统安全稳定运行和电能质量，防止事故扩大，保证重要负荷的供电。因此，在电力系统中常常设置按频率自动减负荷装置（简称 AFL 装置），或称低频减载装置。

一、电力系统的动态频率特性

电力系统由于有功功率平衡遭到破坏引起系统频率发生变化时，频率从额定值过渡到另一个稳定值所经历的动态过程，称为电力系统的动态频率特性。如图 4－9 所示，系统频率变化不是瞬间完成的，而是按指数规律变化的。

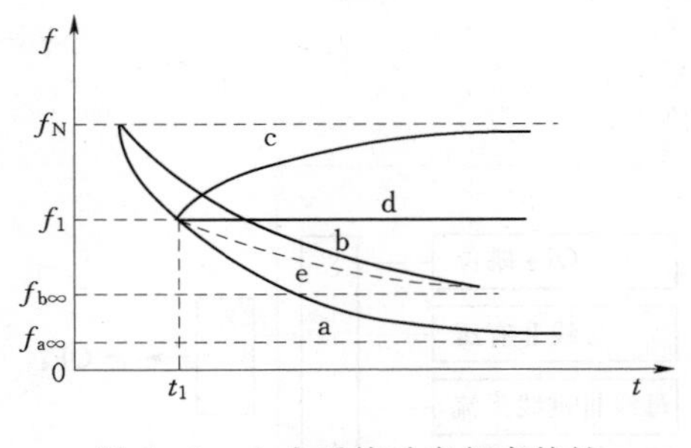

图 4－9　电力系统动态频率特性

当系统出现严重的有功功率缺额时，AFL 装置的任务是迅速断开相应数量的用户负荷，使系统频率在不低于某一允许值的情况下，达到有功功率的平衡，以确保电力系统安全运行，防止事故的扩大。

二、对 AFL 装置的基本要求

（1）能在各种运行方式且出现较大功率缺额的情况下，有计划地切除负荷，有效地防止系统频率下降至危险点以下。

（2）切除的负荷应尽可能少。

（3）变电所的馈电线路使故障变压器跳闸造成失压时，AFL 装置应可靠动作。

（4）电力系统发生低频振荡时，AFL 装置不应误动。

（5）电力系统受谐波干扰时，AFL 装置不应误动。

三、AFL 装置工作原理

在电力系统发生事故的情况下，被迫采取断开部分负荷的办法以确保系统的安全运行，这对于被切除的用户来说，无疑会造成不少困难，因此，应力求尽可能少地断开负荷。一般，接于 AFL 装置的总功率是按系统最严重事故的情况来考虑的。然而，系统的运行方式很多，而且事故的严重程度也有很大差别，对于各种可能发生的事故，都要求 AFL 装置能作出恰当的反应，切除相应数量的负荷功率，既不过多又不能不足，只有分批断开负荷功率采用逐步修正的办法，才能取得较为满意的结果。

AFL 装置是在电力系统发生事故时，在系统频率下降过程中，按照频率的不同数值顺序地切除负荷。也就是将接至 AFL 装置的总切除功率按负荷重要程度的不同进行分级，并分别分配在不同启动频率值实现分批地切除，以适应不同功率缺额的需要。根据启动频率的不同，按频率自动减负荷装置可分为若干级，也称为若干轮。

为了确定 AFL 装置的级数，首先应定出装置的动作频率范围，即选定第一级启动频率 f_1 和最末一级启动频率 f_n 的数值。

1. 第一级启动频率的选择

由图 4-9 看出，在事故初期若能及早切除部分负荷功率，可延缓频率的下降过程。因此，从 AFL 装置的动作效果来看，第一级的启动频率 f_1 宜选择的高些，但是 f_1 整定得过高，暂时的频率下降容易引起 AFL 装置误动作，影响用户用电的可靠性，同时也未充分利用系统的旋转备用容量。所以，一般第一级的启动频率整定在 48.5～49Hz。在以水电厂为主的电力系统中，由于水轮机调速系统动作较慢，因而第一级启动频率宜取低值。

2. 末级启动频率的选择

电力系统允许的最低频率受安全运行的限制，以及可能发生“频率崩溃”或“电压崩溃”的限制。对于高温高压参数的火电厂，在频率低于 46～46.5Hz 时，厂用设备已不能正常工作，在频率低于 45Hz 时，就有“电压崩溃”的危险，因此末级的启动频率 f_n 以不低于 46～46.5Hz 为宜。

3. 频率级差的确定

当 f_1 和 f_n 确定以后，就可在该频率范围内按频率级差 Δf 分成 n 级断开负荷，即

$$n=\frac{f_1-f_n}{\Delta f}+1 \tag{4-1}$$

级数越大，每级断开的负荷就越小，这样，装置所切除的负荷量就越有可能接近于实际功率缺额，具有较好的适应性。

频率级差的选择原则：

(1) 按选择性确定级差。强调各级动作的次序，要在前一级动作以后还不能制止频率下降的情况下，后一级才动作。

(2) 级差不强调选择性。AFL 装置应遵循逐步试探求解的原则，分多级切除少量负荷，以达到较佳的控制效果。这就要求减小级差 Δf，增加总的频率动作级数 n，相应地

减少每级的切除功率，这样即使两轮无选择性启动，切除的负荷功率不会过多，系统恢复频率也不会过高。

4. 每级切除负荷的确定

按临界情况确定各级的最优切除负荷量，即当第 $i-1$ 级动作切除负荷后，系统的稳态频率正好是第 i 级的启动频率；而当第 i 级动作切除负荷功率后，系统频率稳定在第 $i+1$级的动作频率；最末一级的启动频率是 f_n，切除负荷功率后，系统频率稳定在要求的恢复频率，如此即可计算出每级应切除的负荷功率。

5. AFL 装置的后备级

在 AFL 装置的动作过程中，当第 i 级动作切除负荷后，如果系统频率继续下降，则下面各级会相继动作直到频率下降被制止为止。

如果出现了这样的情况：第 i 级动作后，系统频率可能稳定在 f_i，它低于恢复频率的最小值，但又不足以使下一级动作，此时需要装设后备级，经延时，再切除部分负荷功率，以便使频率能恢复到允许的限值以上。这样，我们常把前面介绍的自动按频率减负荷装置的各级称为基本级，而后备级又常被称为特殊级或附加级。

后备级的动作频率应不低于基本级第一级的启动频率，它是在系统频率已经比较稳定时动作的，为保证后备级确实是在基本级动作结束后系统频率仍未回升至希望值时才动作，后备级的动作要带较长的延时，最小动作时间约为 10～15s，最长的动作时间可到 20s。

后备级可按时间分为若干级，也就是其启动频率相同，但动作时延不一样，各级时间差可不小于 5s，按时间先后次序分批切除用户负荷，以适应功率缺额大小不等的需要。在分批切除负荷的过程中，一旦系统恢复频率高于后备级的返回频率，AFL 装置就停止切除负荷。

第四节　小电流接地选线装置

我国电力系统中性点的运行方式主要有三种：中性点不接地，中性点经消弧线圈接地和中性点直接接地。

前两种接地系统统称为小电流接地系统，后一种接地系统又称为大电流接地系统，这种区分方法是根据系统中发生单相接地故障时接地电流的大小划分的。

我国 10～35kV 电网中，普遍采用中性点不接地或中性点经消弧线圈接地方式，在这些电网中单相接地故障是最常见的故障之一。当小电流接地系统中发生单相接地故障时，故障电流很小，对供电设备不致造成很大的危害。由于故障相电压降低（金属性接地时为零），非故障相电压升高（最大为线电压），但线电压仍然保持对称，因此允许电网继续运行一段时间。但单相接地故障如果不作及时处理，很有可能发展成为两相接地短路故障，因此正确而及时地把单相接地故障检测出来，对提高供电可靠性具有重要的实际意义。

对于单相接地故障，传统的检测方法是利用绝缘监视装置。当系统发生单相接地故障时，接于母线上的三相五柱式电压互感器的开口三角形端将出现将近 100V 的零序电压，使过电压继电器动作，同时启动信号回路。绝缘监视装置可判断故障相，但不能确定究竟是哪一条线路发生了故障，通常需要通过“顺序拉闸法”寻找故障线路，这不仅操作复杂，对断路器寿命也有影响，而且会造成不必要的停电损失。

变电站实现无人值班后，上述接地检查方法就不适用了。需要有一种新的接地检查方法来完成中性点不接地系统配电线路接地检查。

目前，在较先进的计算机监控系统中，都配置有单相接地自动选线装置，用于在不停电的情况下寻找故障线路。

一、小电流接地选线装置的软件原理

1. *零序功率方向原理*

中性点不接地系统在正常运行时，各相对地电压是对称的，中性点对地电压为零，电网中无零序电压。如果线路各相对地电容量相同，在各相电压作用下各相电容电流相等并超前于相应相电压 90°。

当系统发生单相接地故障时，故障相对地电压为零，非故障相对地电压变为电网线电压。这时电网中出现零序电压，其大小等于电网正常工作时的相电压。同时，故障线路和非故障线路出现零序电流，非故障线路零序电流大小等于本线路接地电容电流且超前零序电压 90°；故障线路的零序电流大小等于所有非故障线路零序电流之和，且滞后零序电压 90°。所以故障线路与非故障线路零序电流相差 180°。零序功率方向原理的小电流接地装置，就是利用在系统发生单相接地故障时，故障与非故障线路零序电流反相，由零序功率继电器判别故障与非故障线路。

2. *谐波电流方向原理*

当中性点不接地系统发生单相接地故障时，在各线路中都会出现零序谐波电流。由于谐波次数的增加，相对应的感抗增加，容抗减小，所以总可以找到一个 m 次谐波，这时故障线路与非故障线路 m 次谐波电流方向相反，同时对所有大于 m 次谐波的电流均满足这一关系。

这种判断谐波电流方向原理构成的接地选线装置不受系统运行方式变化及过渡电阻的影响，谐波电流相位关系与幅值无关，只要计算机能识别即可。且对相位容差大，相位大于 90°即认为反相，小于 90°认为同相。

3. *外加高频信号电流原理*

当中性点不接地系统发生单相接地时，通过电压互感器二次绕组向母线接地相注入一种外加高频信号电流，该信号电流主要沿故障线路接地相的接地点入地，部分信号电流经其他非故障线路对地电容入地。用一只电磁感应及谐波原理制成的信号电流探测器，靠近线路导体接收该线路故障相流过信号电流的大小判断故障线路与非故障线路（故障线路接地相流过的信号电流大，非故障线路接地相流过的信号电流小，它们之间的比值大于 10 倍）。

高频信号电流发生器由电压互感器开口三角的电压启动。选用高频信号电流的频率与工频及各次谐波频率不同，因此，工频电流及各次谐波电流对信号探测器无感应信号。

在单相接地故障时，用信号电流探测器，对注入系统接地相的信号电流进行寻踪，还可以找到接地线路和接地点的确切位置。

4. *首半波原理*

在发生故障的最初半个周波内，故障线路零序电流与正常线路零续电流极性相反，因此可以通过比较首半波的零序电流极性进行故障选线。

二、小电流接地选线装置举例

图 4－10 为 TLXJ－2 型接地选线装置原理图。当系统无单相接地故障时，装置处于监视状态。液晶屏显示当前日期与时间。当电压互感器开口三角输出零序电压大于整定值时，表示系统发生单相接地或谐振，启动 CPU 进行故障数据的收集、滤波、排序、判断。经过多次综合分析后，将接地或谐振故障信息（如接地起始时刻、故障线路号、故障累计时间等）送至液晶屏显示或打印，并将判断结果送继电器输出或串口输出。

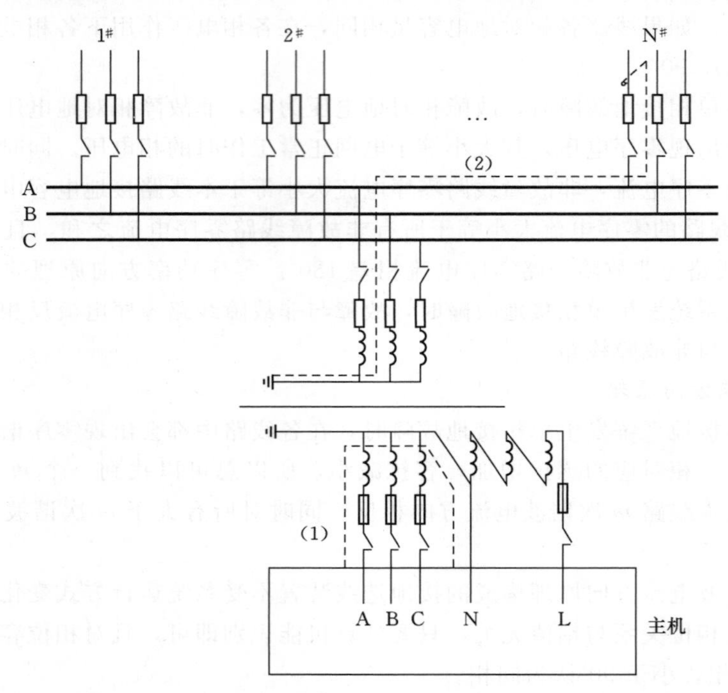

图 4－10　TLXJ－2 型微机接地选线装置原理图

第五节　故障录波装置

故障录波装置是电力系统十分重要的安全自动装置之一。由于故障录波装置对提高电力系统的安全运行水平极为重要，《继电保护和安全自动装置技术规程》规定：为了分析电力系统故障及继电保护和安全自动装置在事故过程中的动作情况，在主要发电厂、220kV 及以上变电站和 110kV 重要变电站，应装设故障录波装置。故障录波装置是一种常年投入运行，监视电力系统运行状态的自动记录装置。

一、故障录波装置的作用

故障录波装置是提高电力系统安全运行的重要装置。电力系统正常运行时，故障录波装置只进行数据采集，一般不启动录波，只有当系统发生故障或振荡时才进行录波。

故障录波装置的作用有：

（1）正确分析事故原因，制定反事故措施。通过录取的故障过程波形图，可以反映故障类型、相别、故障电流、电压等数据，断路器的跳合闸时间和重合闸是否成功等情况，据此可以分析事故原因，研究有效的防范措施，减少故障发生。

（2）为查找故障点提供依据。由故障录波图可判断故障性质，并根据电流、电压等录波量的大小计算故障点位置，微机型故障录波装置可直接测算故障点位置，使巡线范围大大缩小，省时省力，对迅速恢复供电具有重要作用。

（3）帮助正确评价继电保护、自动装置、高压断路器的工作情况，及时发现这些设备的缺陷，以便消除事故隐患。

（4）为检修工作提供依据。从故障录波分析发现，有时单相接地故障发生在不同相别，切除故障电流并未集中在断路器的同一相，因此断路器检修工作，应根据录波实际情况而定。

（5）通过对已查证落实故障点的录波，可核对系统参数的准确性，改进计算工作或修正系统使用参数。

（6）统计分析系统振荡时有关参数。故障录波装置对系统振荡全过程的录波，可以分析振荡性质（同期或非同期）、振荡周期、振荡中心、振荡电流等，以提供振荡计算中有关的实际参数。

二、故障录波装置的启动判据

1. A、B、C相电压和零序电压突变量启动

即
$$\Delta U_{ph} \geqslant \pm 5\% U_N \tag{4-2}$$
$$\Delta U_0 \geqslant \pm 2\% U_N \tag{4-3}$$

式中　ΔU_{ph}——相电压突变量；

ΔU_0——零序电压突变量；

U_N——额定电压。

2. 过压和欠压启动

正序电压越限启动值为
$$110\% U_N \leqslant U_1 \leqslant 90\% U_N \tag{4-4}$$

负序电压启动值为
$$U_2 \geqslant 3\% U_N \tag{4-5}$$

零序电压启动值为
$$U_0 \geqslant 2\% U_N \tag{4-6}$$

3. 主变压器中性点电流越限启动

变压器中性点电流越限启动值为

$$3I_0 \geqslant 10\% I_N \tag{4-7}$$

式中　I_0——流过变压器中性点的零序电流；

I_N——变压器的额定电流。

4. *频率越限与变化率启动*

频率越限启动值为

$$50.5\text{Hz} \leqslant f \leqslant 49.5\text{Hz} \tag{4-8}$$

5. *系统振荡启动*

对于由静态稳定破坏引起的系统振荡，在初始阶段，利用母线电压低于 $90\% U_N$ 作为启动判据，可以启动装置记录稳定破坏的全过程数据；对于由暂态稳定破坏引起的振荡，利用反映电压突变量作为启动判据，启动装置记录全过程数据；对于因失去动态稳定引起的系统振荡，可用线路电流或功率在某一给定时间内的变化率作为判据，如在 0.5s 时间内线路同一相电流最大值与最小值之差不小于 $10\% I_N$。

6. *断路器的保护跳闸信号启动，空触点输入*

由继电保护装置跳闸命令启动故障动态记录时，应当选用与发出断路器跳闸命令同步的触点信号（最好是跳闸出口继电器的触点），以准确记录启动时刻。为了避免干扰，以空触点经双绞线输出到故障录波器是必要的。

7. *手动和遥控启动*

可以由变电所就地和上级调度来远方命令启动。

三、故障录波装置的结构形式

专用的故障录波器一般包括数据采集单元和分析管理单元两部分。数据采集单元主要实现以下功能：

（1）连续不断地对电网的基本参数交流电压和交流电流进行快速采样，对继电保护和安全自动装置的开关量进行扫描，与此同时对本装置硬件进行自检。

（2）正常运行时接收并执行分析管理层下传的参数设置、启动录波、时间同步和复位等命令。

（3）采样、扫描的同时进行必要的计算和分析，当电网发生故障或扰动时触发故障录波器。将故障前、故障时和故障后的数据存储于专门的数据区中。

（4））将记录的故障数据通过以太网送至分析管理层。

分析管理单元可以是工业级 PC 机也可以是一台嵌入式系统装置，它和数据采集单元之间通过总线或以太网通信，主要实现以下功能：

（1）设置系统运行方式，整定系统启动参数和通信参数，命令下传。

（2）数据的接收与管理。

（3）进行故障分析，显示和打印故障分析报告。

（4）数据远传。

1. *分散式结构*

所谓分散式结构是指数据采集单元和分析管理单元为独立的装置，如图 4－11 所示，这种硬件结构的优点有：

（1）模拟量和开关量的信号处理部分全部置于各数据采集单元机箱内部，结构紧凑，方便安装在继电屏柜内。

（2）多个数据采集单元通过以太网或者现场总线和分析管理单元相连，采样通道可以灵活配置。

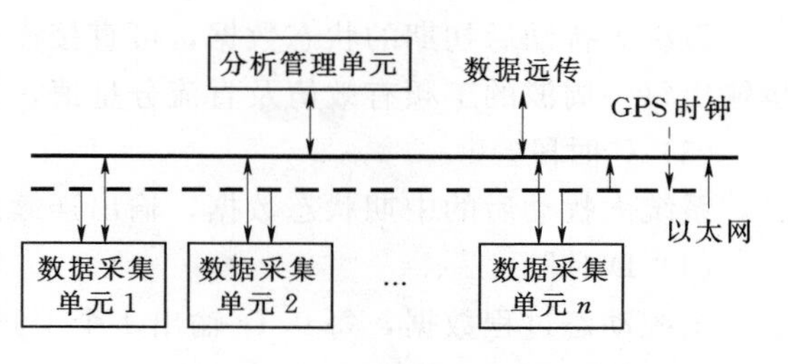

图 4 - 11　分散式故障录波装置

2. 集中式结构

所谓集中式结构是指数据采集和分析管理在一个装置内实现，如图 4 - 12 所示，这种硬件结构的优点有：

（1）模拟量、开关量分别处理后再送至 CPU 插件，提高了抗干扰能力，易实现多 CPU 结构。

（2）多 CPU 结构提高了装置的可靠性，某个 CPU 的损坏不会影响到别的 CPU。

（3）总线不外引，加强了抗干扰能力。

（4）使装置的容量可灵活配置。

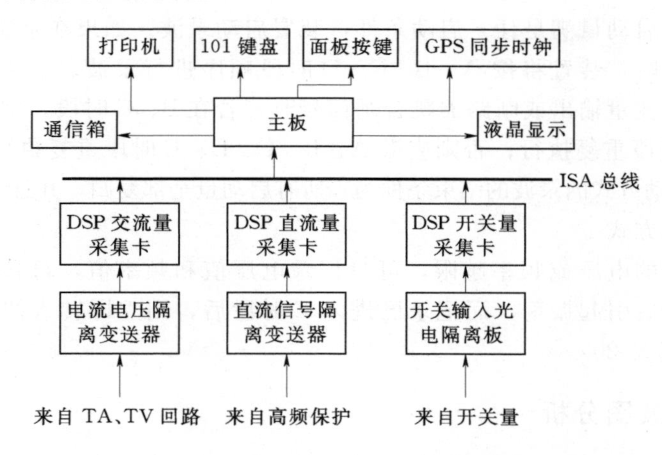

图 4 - 12　集中式故障录波装置结构图

四、录波数据的记录方式和存储方式

微机式故障录波器是以将故障前后的数据记录保存在存储器中的方式来实现其录波功能的。

1. 分时段记录方式

故障记录可分为 A、B、C、D、E 共 5 个时段，如图 4 - 13 所示。这 5 个时段不仅故障量记录的时间长短不同，而且故障量的采样频率也不一样，具体为：

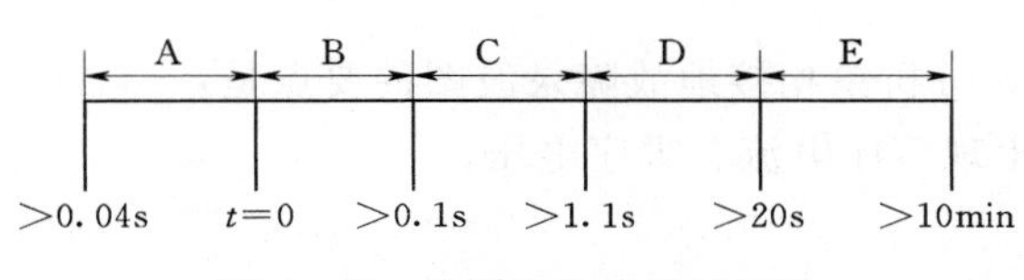

图 4 - 13　故障录波分时记录图

（1）A 时段。

记录的是系统大扰动开始前的状态数据，输出原始记录波形及有效值，记录时间大于 0.04s。

（2）B 时段。

系统大扰动后初期的状态数据，可直接输出原始记录波形，可观察到5次谐波，同时也输出每一周波的工频有效值及直流分量值，记录时间大于0.1s。

(3) C时段。

系统大扰动后的中期状态数据，输出连续的工频有效值，记录时间大于1.0s。

(4) D时段。

系统动态过程数据，每0.1s输出1个工频有效值，记录时间大于20s。

(5) E时段。

系统长过程的动态数据，每1s输出一个工频有效值，记录时间大于10min。

在满足采样要求的前提下，为了节省空间，压缩故障录波的数据量，采用变速采样的记录方式。A时段和B时段为系统故障前和故障后的高速采样阶段；C时段和D时段一般指故障切除后较为稳定的那一段时间，为低速采样阶段；E时段指系统进入长过程录波，如长期振荡、低频、低压等，一般是低速采样，并且只记录有效值。

2. 不定长录波

(1) 非振荡故障启动。

在某一时刻，启动量满足任一启动条件，装置启动录波。如果在录波的过程中有且仅有这一次故障启动时，装置将按A—B—C—D时段顺序进行录波。如果装置在已启动的录波过程中，有突变量输出或断路器跳合闸信号时，若在B、C时段，则由$t=0$时刻开始沿B、C、D、E时段重复执行；否则应沿A、B、C、D、E时段重复执行。

非振荡故障启动方式的录波的结束条件为：所有启动量全部复归，并且记录时间大于3s。

(2) 特殊启动方式 。

如果出现长期的电压或频率越限，可只记录电压值和频率值，每秒1点或作相应处理；如果系统故障后引起振荡，而记录已进入E时段后，则立即转入按D时段记录，如果正在D时段则延长20s。

五、故障录波图分析

通过录波图我们可以分析故障类型，保护装置的动作行为，二次回路接线是否正确及CT、PT极性是否正确等问题，分析录波图的基本方法是：

(1) 首先大致判断系统发生了什么故障及故障持续时间，故障持续了多长时间。

(2) 以某一相电压或电流的过零点为相位基准，查看故障前电流电压相位关系是否正确，是否为正相序及负荷角为多少度。

(3) 以故障相电压或电流的过零点为相位基准，确定故障态各相电流电压的相位关系。注意选取相位基准时应避开故障初始及故障结束部分，因为这两个区间一是非周期分量较大，二是电压电流夹角由负荷角转换为线路阻抗角跳跃较大，容易造成错误分析。

(4) 绘制向量图，进行分析。

图4-14为A相单相接地典型录波图，分析单相接地故障录波图的要点是：

(1) 一相电流增大，一相电压降低；出现零序电流、零序电压。

(2) 电流增大及电压降低为同一相别。

(3) 零序电流相位与故障相电流同向，零序电压与故障相电压反向。

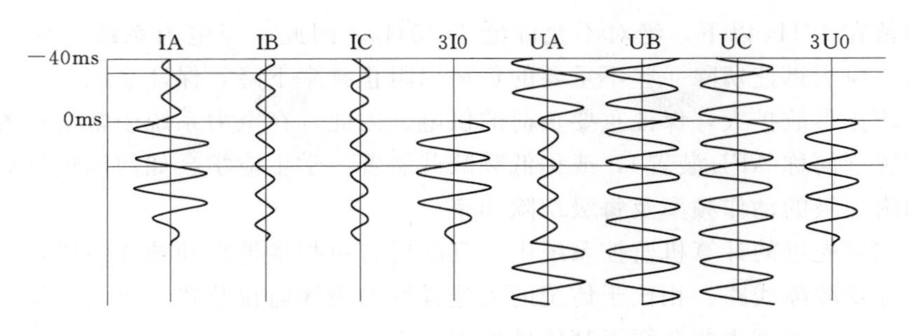

图 4-14 A 相单相接地故障录波图

(4) 故障相电压超前故障相电流约 80°左右，零序电流超前零序电压约 110°左右。

当我们看到符合第 1 条的一张录波图时，基本上可以确定系统发生了单相接地短路故障；若符合第 2 条可以确定电压、电流相别没有接错；符合第 3 条、第 4 条可以确定保护装置、二次回路整体均没有问题。

若单相接地短路故障出现不符合上述条件情况，那么需要仔细分析，查找二次回路是否存在问题。

对于分析录波图，第 4 条是非常重要的，对于单相故障，故障相电压超前故障相电流约 80°左右；对于多相故障，则是故障相间电压超前故障相间电流约 80°左右；“80°左右”的概念实际上就是短路阻抗角，也即线路阻抗。

本 章 小 结

电压是衡量电能质量的一个重要指标，保证用户处的电压接近额定值是电力系统运行调整的基本任务之一。电压偏移过大不仅对用户的正常工作产生不利影响，还可能使网损增大，甚至危害系统运行的稳定性。造成电压质量下降的主要原因是系统无功功率不足或无功功率分布不合理，所以电压调整问题主要是无功功率的补偿与分布问题。

电力系统调压包括发电机调压，改变变压器变比调压，无功功率补偿调压和线路串联电容补偿调压。

变电站电压、无功综合控制装置的控制对象主要是变压器分接头和并联电容组，控制目的是保证主变压器二次电压在允许范围内，且尽可能提高进线的功率因数，故一般选择电压和进线处功率因数（或无功功率）作为状态变量。根据这 2 个状态变量的大小，可将变电站的运行状态划分为 9 个区域，简称“九区图”。“九区图”是一个重点内容，学生要会分析不同区域时的调节措施。

备用电源自动投入装置是电力系统故障或其他原因使工作电源被切断后，能迅速将备用电源或其他正常工作的电源自动投入工作，使原来工作电源被断开的用户能迅速恢复供电的一种自动控制装置，简称 AAT 装置或 BZT 装置。备自投分为明备用和暗备用。学生应明白分析备自投的软件工作原理。

电力系统的频率反映了发电机组所发出的有功功率与负荷所需有功功率之间的平衡状况。运行实践证明，电力系统的频率不能长期维持在 49.5～49Hz 以下，事故情况下不能较长时间停留在47Hz以下，绝对不允许低于45Hz。因此，当电力系统出现严重的有功功率缺额时，应当迅速切除一些不重要的负荷以阻止频率下降，保证系统安全稳定运行和电能质量，防止事故扩大，保证重要负荷的供电。因此，在电力系统中常常设置按频率自动减负荷装置（简称AFL装置），或称低频减载装置。学生应学会如何确定低频减载装置的基本级和附加级的动作频率及每级切除功率。

目前，在较先进的计算机监控系统中，都配置有单相接地自动选线装置，用于在不停电的情况下寻找故障线路。相比于传统的无选择性的绝缘监视装置，小电流接地选线装置可选择故障线路。本书主要介绍了其软件原理。

故障录波装置是提高电力系统安全运行的重要装置。电力系统正常运行时，故障录波装置只进行数据采集，一般不启动录波，只有当系统发生故障或振荡时才进行录波。重点内容是故障录波装置的数据记录方式及波形分析。

【习　题】

4-1　填空题

1. 在变电站对电压、无功的综合控制，主要是调节有载调压变压器的＿＿＿＿＿＿和自动控制＿＿＿＿＿＿设备的投、切。

2. 明备用指＿＿＿＿＿＿＿＿＿＿＿＿。

3. 暗备用指＿＿＿＿＿＿＿＿＿＿＿＿。

4-2　选择题

1. 在变电站综合自动化中AFL是（　　）。

A　低频减负荷装置　　B　故障录波装置

C　电压，无功综合控制装置　　D　备用电源自动投入装置

2. 在变电站综合自动化中AAT是（　　）。

A　低频减负荷装置　　B　故障录波装置

C　电压，无功综合控制装置　　D　备用电源自动投入装置

4-3　判断题

1. 电网电压降低的主要原因是无功不足或无功功率分布不合理。（　　）

2. 电力系统频率波动的主要原因是系统谐波的变化。（　　）

3. 电压、无功综合控制方式中最佳的优化控制方案是集中控制方式。（　　）

4-4　简答题

1. 画出电压无功综合控制的“九区图”，说明双参数越限时的调压措施。

2. 简述频率偏移的危害。

3. 故障录波装置的作用是什么？

4. 分析说明备自投软件工作原理。

5. 从教材中选取一种小电流接地选线装置判据进行分析。

6. 简述分析故障录波图的方法。

7. 低频减载装置基本级、附加级启动频率如何确定，每级切除功率如何确定？

第五章　变电站综合自动化系统的数据通信

【教学目标】

(1) 了解数据通信系统的构成。

(2) 掌握数据通信方式。

(3) 掌握通信线路的连接方式。

(4) 了解传输介质类别及特点。

(5) 熟悉变电站综合自动化系统通信内容及要求。

(6) 掌握数字信号调制方法。

(7) 熟悉 RS-232 串行通信接口的电气特性及使用。

(8) 理解平衡差分接收特点，熟悉 RS-485 的使用。

(9) 掌握奇偶校验、方阵码校验。

(10) 理解 CRC 循环校验。

(11) 熟悉 CDT 规约帧格式，能够看懂报文。

(12) 了解 IEC 60870—5 规约。

(13) 了解现场总线及其特点。

(14) 熟悉以太网结构形式。

第一节　数据通信概述

数据通信也称计算机通信或数据交换，是把通信技术中的信息传输、交换同计算机技术中的数据处理、加工及存储有机结合而形成的一种通信方式。

数据通信可定义为“用通信线路（包括通信设备）将远地的数据终端设备与主计算机连接起来进行信息处理”，以实现硬件、软件和信息资源共享。

一、数据通信系统的构成

如图 5-1 所示，数据通信系统由信源、信宿和信道三部分组成。信源与信宿分别是数据的出发点和目的地，又被称为数据终端设备（Data Terminal Equipment，简称 DTE），如计算机、数据输入/输出设备和通信处理机等。

信道是为了完成信源和信宿之间的数据传输而建立的一条传送信号的物理通道。信道建立在传输介质之上，但包括了传输介质和附属的通信设备。通常，同一传输介质上可提供多条信道，一条信道允许一路信号通过。按照信道中所传输的是模拟信号还是数字信号，相应地把通信系统分成模拟通信系统和数字通信系统；按传输介质分，通信系统可分为有线通信系统和无线通信系统。

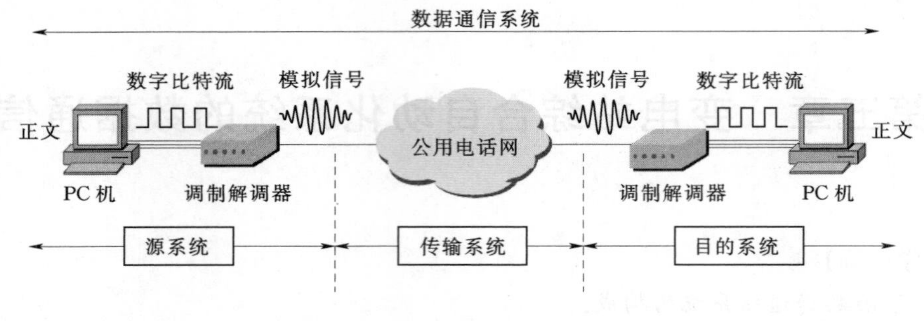

图 5-1　数据通信系统构成

二、通信方式

（一）串行、并行通信

在计算机内部各部件之间，计算机与外部设备之间，计算机与计算机（或终端）之间都是以通信方式传递信息的，这种通信方式有两种：并行通信和串行通信。这是计算机网络通信中两种基本的通信方式。

通常并行通信用于计算机内部各部件之间或近距离的数据传输，而串行通信常用于计算机与计算机或计算机与终端之间远距离的数据传输。

1. 并行通信

数据以成组的方式在多个并行信道上同时进行传输，如图 5-2 所示。可以以字节为单位（8 位数据总线）并行传输，也可以以字为单位（16 位数据总线）通过专用的或通用的并行接口并行传输。并行通信的优点是速度快，但发端与收端之间有若干条线路，导致费用高，仅适合于近距离和高速率的通信。计算机内部数据传输一般都是采用这种方法，标准打印口就属并行端口。

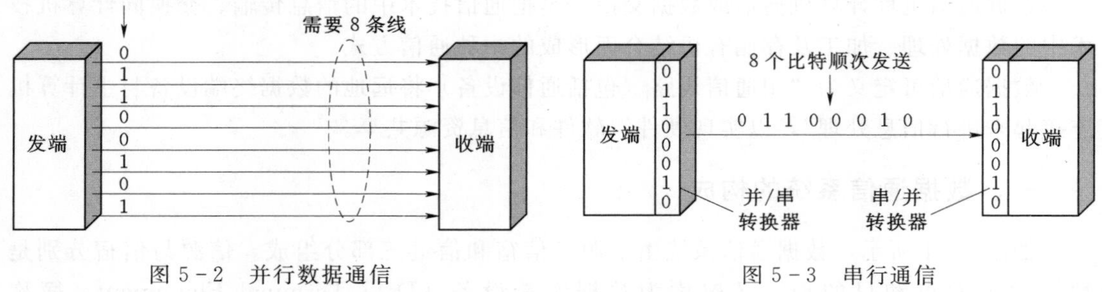

图 5-2　并行数据通信　　　　图 5-3　串行通信

2. 串行通信

串行通信是数据一位一位顺序传送，如图 5-3 所示。串行通信的优点是收、发双方只需要一条传输信道，易于实现，成本低，适合于远距离传输，但速度比较慢。由于串行通信是在一条信道上传输，而计算机内部都采用并行通信，因此，数据在发送之前，要将计算机中的字符进行并/串变换，在接收端再通过串/并变换，还原成计算机的字符结构，才能实现串行通信。

在串行数据通信中，数据传输速率常用每秒钟传输二进制代码的位数来表示，单位为bps或b/s（位/秒）。以异步通信为例，每秒钟传送240个字符，而每个字符包含10位（1个起始位，1个停止位和8个数据位），这时的传输速率（比特率）为10位/个×240个/s = 2400bps。

（二）单工、双工通信

1. 单工

单工方式指通信信道是单向信道，数据信号仅沿一个方向传输，发送方只能发送不能接收，接收方只能接收而不能发送，任何时候都不能改变信号传送方向，如图5-4所示。

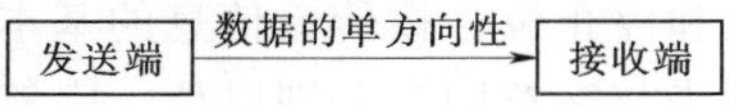

发送端　数据的单方向性　接收端

图5-4　单工通信

2. 半双工

半双工通信是指信号可以沿两个方向传送，但同一时刻一个信道只允许单方向传送，即两个方向的传输只能交替进行，而不能同时进行，如图5-5所示。

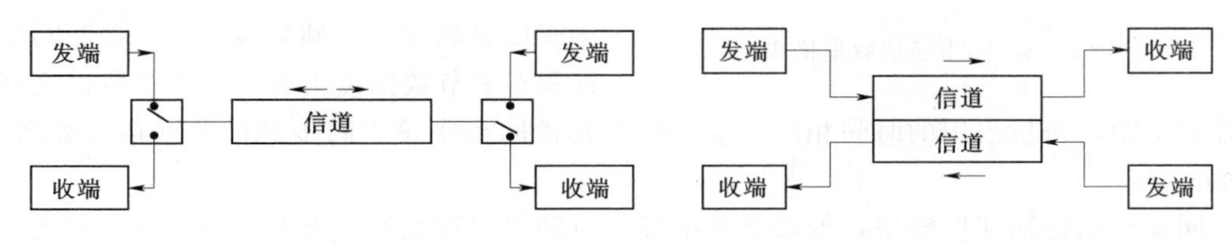

图5-5　半双工通信　　图5-6　全双工通信

3. 全双工

全双工通信是指数据可以同时沿相反的两个方向作双向传输，通信的一方在发送信息的同时也能接受信息，如电话通话。全双工通信如图5-6所示。

（三）异步、同步通信

在串行通信中，数据是一位一位依次传输的，由于发送方和接收方步调的不一致很容易导致数据传输出现差错。为了避免信号传输中的差错，就要求实现发送与接收之间的同步。同步就是接收端按发送端所发送的每个码元的重复频率以及起止时间来接收数据，在通信中接收端校准自己的时间和重复频率，以便和发送端取得一致。信息传输的同步方式分为异步传输和同步传输两种。

1. 异步通信

异步通信是指通信的发送与接收设备使用各自的时钟控制数据的发送和接收过程。为使双方的收发协调，要求发送和接收设备的时钟尽可能一致。数据传送按帧传输，一帧数据包含起始位、数据位、校验位和停止位。异步通信数据格式如图5-7所示。

异步通信不要求收发双方时钟的严格一致，依靠起始位、停止位保持通信同步，实现起来比较简单、灵活，设备开销较小，适用于数据的随机发送/接收，但每个字符要附加2～3位用于起止位，各帧之间还有间隔，因此传输效率不高。

2. 同步通信

同步通信时要建立发送方时钟对接收方时钟的直接控制，使双方达到完全同步。同步通信中的数据传输单位是帧，每帧含有多个字符，字符间没有间隙，字符前后也没有起始

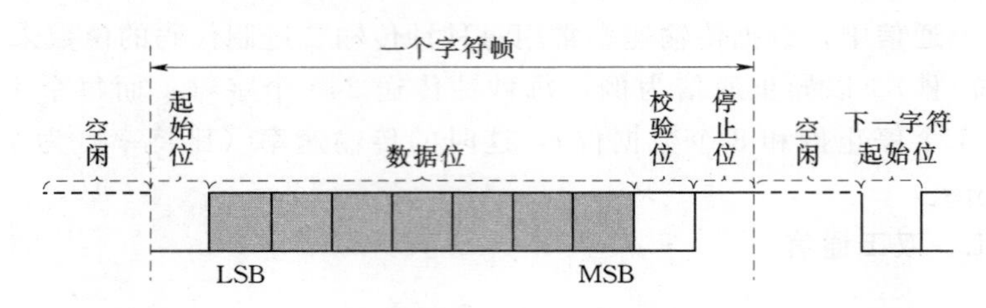

图 5-7 异步通信数据格式

位和停止位。按传输信息的基本组成单位，同步方法分为位同步、字符同步和帧同步。位同步与字符同步分别以位、字符作为一个独立的整体进行发送，而帧同步中的传输数据和控制信息按一种特殊的帧结构来组织。这里主要介绍常用的字符同步方式。

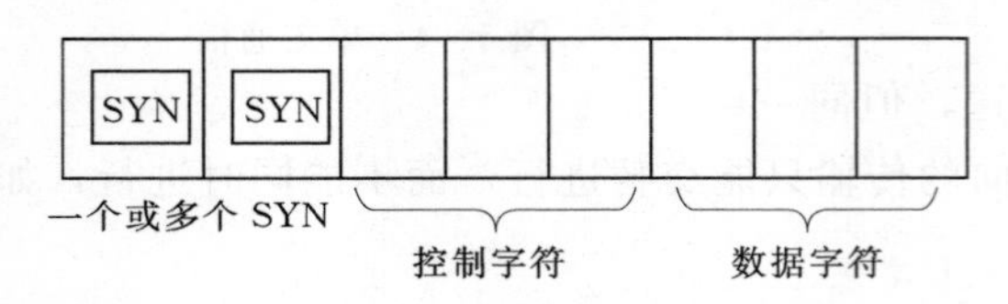

图 5-8 同步通信数据格式

字符同步依靠同步字符保持通信同步，同步字符作为起始位以触发同步时钟开始发送或接收数据。每帧数据由 1～2 个同步字符和多字节数据位组成，多字节数据之间不允许有空隙，每位占用的时间相等，空闲位需发送同步字符。同步通信数据格式如图 5-8 所示。

同步通信传输速度较快，但要求有准确的时钟来实现收发双方的严格同步，对硬件要求较高，适用于成批数据传送。

三、通信线路的连接方式

（一）点对点通信

点对点的连接就是在发送端和接收端之间采用一条线路连接，如图 5-9 所示，使用的线路可以是专用线路、租用线路或交换线路，使用租用或交换线路的连接方式，适合于在地理上比较分散的站点之间传输数据。

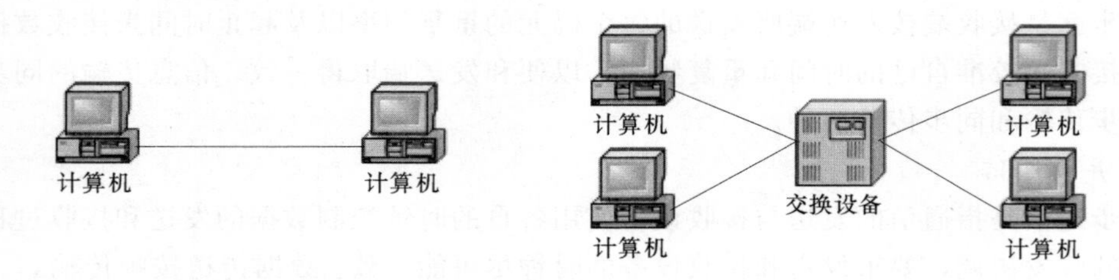

图 5-9 点对点通信

（二）分支式通信

分支式通信是一台主计算机和多台终端通过一条公共通信线路连接构成，如图 5-10 所示，主计算机为控制站（也叫主站），主站负责对各从站进行发送控制和接受信息。主站对从站的控制采用轮询/选择技术。

当主站要接受信息时，采用轮询技术，即主站做好接收数据的准备后依次询问从站是否要发送信息。若需要发送，则从站发送信息，主站接受信息。一个从站发完信息后，主站再询问下一个从站；若不发送，主站继续询问下一个从站是否发送信息。

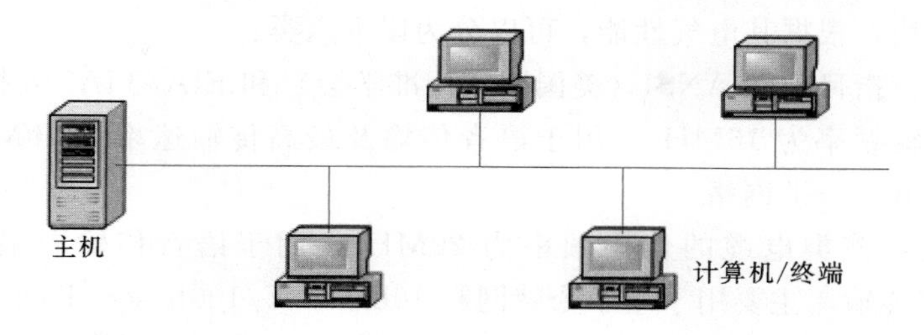

图 5-10 分支式通信

当主站要向一个或多个从站发送信息时，采用选择技术，即主站选择询问需接受信息的从站是否做好接受准备，当接受到从站已准备好的回答信息时即可发送信息。

(三) 集线式通信

集线式通信是在终端较集中的地方，使用集线器先将这些终端集中后，再通过高速线路与主计算机相连通而构成的通信的方式，如图 5-11 所示。终端向主计算机发送信息时，先将这些信息在集线器进行存储和相应的处理后，再发给主计算机。主计算机向终端发送信息时，也要在集线器进行存储和处理，再发给终端。

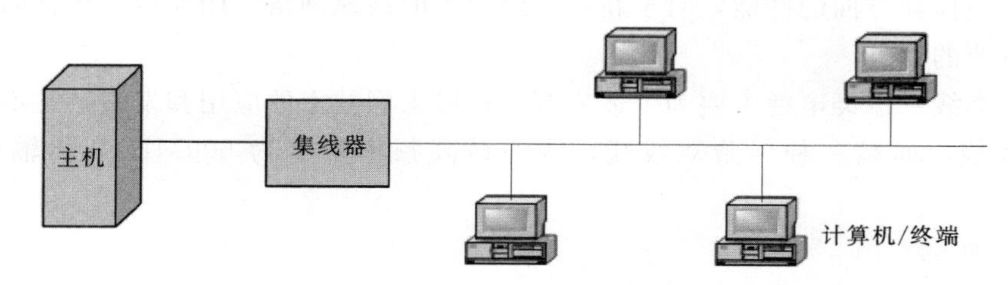

图 5-11 集线式通信

四、传输介质

传输介质是网络中传输数据，连接各网络节点的实体，可以分为有线传输介质和无线传输介质两大类。

有线传输介质是利用金属、玻璃纤维以及塑料等导体传输信号，如双绞线、同轴电缆和光纤等；无线传输介质不利用导体，信号完全通过空间从发射器发射到接收器，如微波通信、卫星通信、红外通信等。

(一) 有线传输介质

1. 双绞线

把两根互相绝缘的铜导线并排放在一起，然后用规则的方法绞合起来就构成了双绞线。双绞线是局域网最基本的传输介质，由具有绝缘保护层的 4 对 8 线芯组成，每两条按一定规则缠绕在一起，称为一个线对，各个线对绞和的目的是为了使各线对之间的电磁干扰最小。双绞线一般用于星型拓扑网络的布线连接，两端安装有 RJ-45 头（俗称水晶头）。RJ-45 接头用于连接网卡与交换机，网线长度最大为 100m。如果要加大网络的范围，在两段双绞线之间可安装中继器，最多可安装 4 个中继器，连接 5 个网段，最大传输范围可达 500 m。

常用的双绞线，根据其电气性能，可以分为以下六类：

（1）三类线：指目前在 ANSI（美国国家标准学会）和 EIA/TIA568 标准中指定的电缆。该电缆的传输频率为 16MHz，用于语音传输及最高传输速率为 10Mbit/s 的数据传输，主要用于 10base－T 网络。

（2）四类线：该类电缆的传输频率为 20MHz，用于语音传输和最高传输速率为 16Mbit/s 的数据传输，主要用于基于令牌网和 10base－T/100base－T 网络。

（3）五类线：该类电缆增加了绕线密度，外套一种高质量的绝缘材料，线缆最高频率带宽为 100MHz，传输速率为 100Mbit/s，用于语音传输和最高传输速率为 100Mbit/s 的数据传输，主要用于 10base－T/100base－T 网络，这是最常用的以太网电缆。

（4）超五类线：超五类双绞线属非屏蔽双绞线，与普通五类双绞线比较，超五类双绞线在传送信号时衰减更小，抗干扰能力更强，在 100M 网络中，用户设备的受干扰程度只有普通五类线的 1/4，性能得到很大提高。

（5）六类线：该类电缆的传输频率为 1～250MHz，传输性能远远高于超五类标准，最适用于传输速率高于 1Gbps 的应用。六类与超五类一个重要的不同点在于：改善了在串扰以及回波损耗方面的性能，对于新一代全双工的高速网络应用而言，优良的回波损耗性能是极重要的。

（6）七类线：该类电缆主要为了适应万兆位以太网技术的应用和发展，它不再是一种非屏蔽双绞线，而是一种屏蔽双绞线，线缆最高频率带宽为 600MHz，传输速率可达 10Gbps。

2. 同轴电缆

同轴电缆是局域网中较早使用的传输介质，主要用于总线型拓扑结构的布线，它以单根铜导线为内芯（内导体），外面包裹一层绝缘材料（绝缘层），外覆密集网状导体（外屏蔽层），最外面是一层保护性塑料（外保护层），其结构如图 5－12 所示。

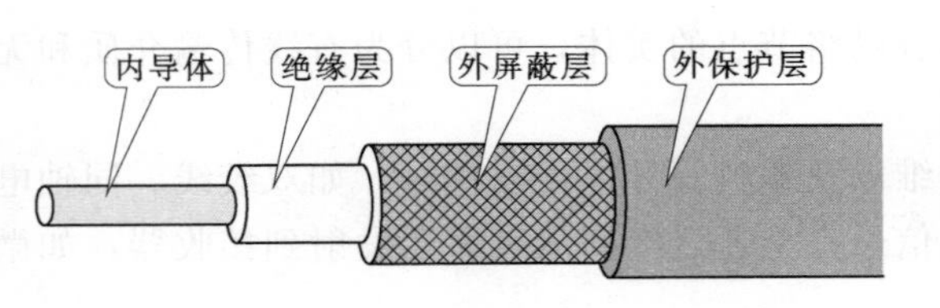

图 5－12　同轴电缆结构图

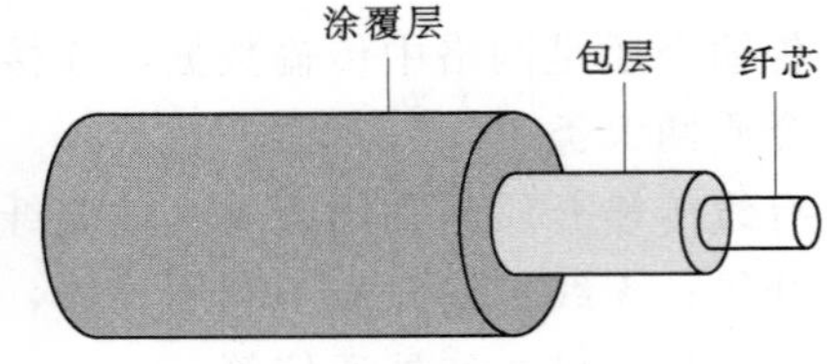

图 5－13　光纤结构图

同轴电缆有 75Ω 同轴电缆和 50Ω 同轴电缆两种。75 Ω 同轴电缆常用于 CATV（有线电视）网，故称为 CATV 电缆；50Ω 同轴电缆主要用于在数据通信中传输数字信号，因此又称为基带同轴电缆。

3. 光纤和光缆

光纤（光导纤维）由纤芯、包层和涂覆层组成，如图 5－13 所示。纤芯位于光纤的中心部位，由非常细的玻璃（或塑料）制成；包层位于纤芯的周围，是一个玻璃（或塑料）

涂层；涂覆层是光纤的最外层为涂覆层，包括一次涂覆层、缓冲层和二次涂覆层，由分层的塑料及其附属材料制成。

因为光纤本身比较脆弱，所以在实际应用中都是将光纤制成不同结构形式的光缆。光缆是以一根或多根光纤或光纤束制成，符合光学机械和环境特性的结构。光缆横截面如图 5-14 所示。

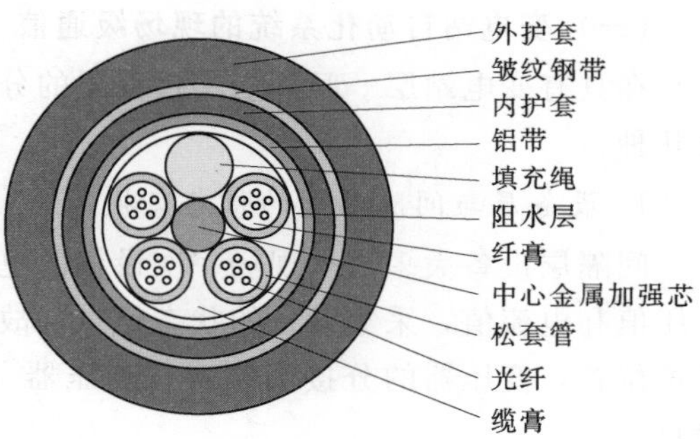

图 5-14　光缆横截面

（二）无线传输介质

1. 微波通信

微波通信是在对流层视线距离范围内利用无线电波进行传输的一种通信方式，频率范围为 2～40GHz。微波通信与通常的无线电波不一样，是沿直线传播的，由于地球表面是曲面，微波在地面的传播距离与天线的高度有关，天线越高距离越远，但超过一定距离后就要用中继站来接力，如图 5-15 所示。两微波站的通信距离一般为 30～50km，长途通信时必须建立多个中继站。中继站的功能是变频和放大，进行功率补偿，逐站将信息传送下去。

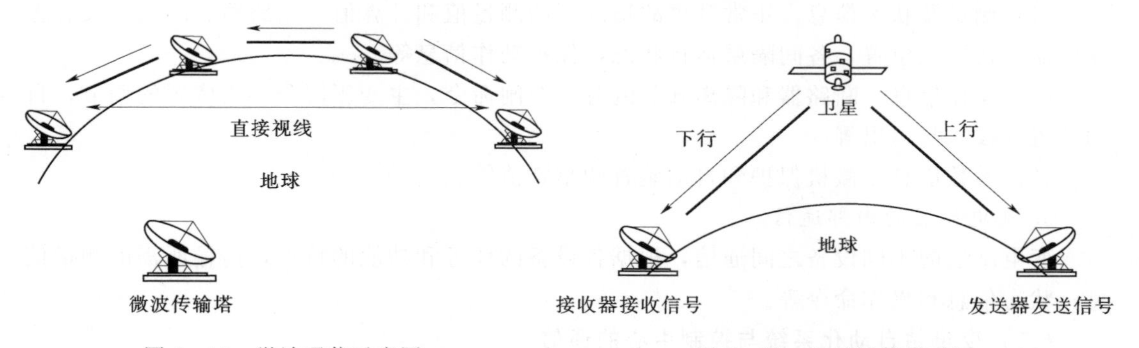

图 5-15　微波通信示意图

图 5-16　卫星通信示意图

2. 卫星通信

卫星通信是以人造卫星为微波中继站，它是微波通信的特殊形式。卫星接收来自地面发送站发出的电磁波信号后，再以广播方式用不同的频率发回地面，为地面工作站接收，如图 5-16 所示。卫星通信可以克服地面微波通信距离的限制。一个同步卫星可以覆盖地球的 1/3 以上表面，3 个这样的卫星就可以覆盖地球上全部通信区域。

第二节　变电站综合自动化系统通信内容及要求

一、变电站综合自动化系统通信内容

变电站自动化系统的数据通信，包括综合自动化系统内部各子系统或各种功能模块间的信息交换以及变电站与控制中心间的通信两大部分。

(一) 变电站自动化系统的现场级通信

在具有变电站层—间隔层—过程层的分层分布式自动化系统中，需要传输的信息有如下几种：

1. 设备层与间隔层间的信息交换

间隔层设备大多需从现场一次设备的电压和电流互感器采集正常情况或事故情况下的电压值和电流值，采集设备的状态信息和故障诊断信息，这些信息主要是：断路器、隔离开关位置，变压器的分接头位置，变压器、互感器、避雷针的诊断信息以及断路器操作信息。

2. 间隔层内部的信息交换

在一个间隔层内部相关的功能模块间，即继电保护和控制、监视、测量之间的数据交换。这类信息有如测量数据、断路器状态、器件的运行状态、同步采样信息等。

3. 间隔层之间的通信

不同间隔层之间的数据交换有：主、后备继电保护工作状态、互锁，相关保护动作闭锁，电压无功综合控制装置等信息。

4. 间隔层与变电站层的通信

(1) 测量及状态信息。正常及事故情况下的测量值和计算值，断路器、隔离开关、主变压器分接开关位置，各间隔层运行状态，保护动作信息等。

(2) 操作信息。断路器和隔离开关的分、合闸命令，主变压器分接头位置的调节，自动装置的投入与退出等。

(3) 参数信息。微机保护和自动装置的整定值等。

5. 变电站层的内部通信

变电站层的不同设备之间通信，根据各设备的任务和功能的特点，传输所需的测量信息、状态信息和操作命令等。

(二) 变电站自动化系统与控制中心的通信

综合自动化系统前置机或通信控制机具有执行远动功能，能将变电站所测的模拟量、电能量、状态信息和 SOE 等类信息传送至控制中心，同时又能从上级调度接收数据和控制命令。变电站向控制中心传送的信息称为“上行信息”，控制中心向变电站传送的信息称为“下行信息”。这些信息主要包括遥测、遥信、遥控和遥调。

为了保证与远方控制中心的通信，在常规远动“四遥”的基础上增加了远方修改整定保护定值、故障录波与测距信号的远传等，其信息量远大于传统的远动系统。一般根据现场的要求，系统应具有通信通道的备用及切换功能，保证通信的可靠性，同时应具备多个调度中心不同方式的通信接口，且各通信接口及 MODEM 应相互独立。保护和故障录波信息可采用独立的通信与调度中心连接，

通信规约应满足调度中心的要求，符合国标和 IEC 标准。以某 220kV 变电站为例，“四遥”包括以下信息。

1. 遥测信息

变电站遥测信息主要包括：系统频率 f；母线电压 U_{ab}、U_{bc}、U_{ca}、U_a、U_b、U_c、

$3U_0$；变压器三（两）侧相电流 I_a、I_b、I_c，三（两）侧有功，P，三（两）侧无功功率 Q，三（两）侧功率因数 $\cos\varphi$，变压器上层油温，变压器绕组温度及变压器挡位；线路三相电流 I_a、I_b、I_c，有功 P，无功功率 Q，功率因数 $\cos\varphi$；电容器三相电流 I_a、I_b、I_c，无功功率 Q；站用变低压侧电压 U_{ab}、U_{bc}、U_{ca}、U_a、U_b、U_c，低压侧三相电流 I_a、I_b、I_c；直流系统合闸母线电压、控制母线电压、电池电压、充电电流、负荷电流；不间断UPS电源的交流输入电流、电压，直流输入电流，交流输出电流、电压。

2. 遥信信息

（1）变电一次设备远传信息。

变压器远传信息包括各侧断路器位置信号，各侧隔离开关（含中性点地刀）位置信号，各侧断路器远方\就地，本体轻瓦斯、本体重瓦斯、有载轻瓦斯、有载重瓦斯，过负荷，压力释放，冷控失电，主变油温异常，主变油位异常（主变油位高、油位低告警信号合并组成）。

220kV间隔远传信息包括断路器位置信号（分相断路器位置信号及综合位置信号），隔离开关位置信号（母线刀、线路刀、接地刀闸），断路器远方\就地，SF_6 气压异常告警（SF_6 气压降低、闭锁信号合并组成），弹簧未储能，三相不一致故障，机构异常告警（汇控箱故障、电机电源故障、加热器故障合并组成）。

110kV间隔远传信息包括断路器位置信号（合、分位），隔离开关位置信号（母线刀、线路刀、接地刀闸），各侧断路器远方\就地，SF_6 气压异常告警（SF_6 气压降低、闭锁信号合并组成），弹簧未储能，机构异常告警（电机电源故障、加热器故障合并组成）。

35kV、10kV间隔远传信息包括断路器位置信号（合、分位），隔离开关位置信号（母线刀、线路刀、接地刀闸），各侧断路器远方\就地，SF_6 气压异常告警（SF_6 气压降低、闭锁信号合并组成），弹簧未储能，机构异常告警（电机电源故障、加热器故障合并组成）。

此外，还有母线PT刀闸、PT接地刀闸、站用变刀闸、电容器放电PT刀闸位置信息。

（2）保护装置远传信息。

变压器保护动作远传信息包括差动保护、差动速断、复压过流Ⅰ段、复压过流Ⅱ段、复压过流Ⅲ段、复压过流Ⅳ段、间隙过流、间隙过压、装置异常告警、控制回路断线。

220kV保护远传信息包括光纤纵联差动保护动作，纵联距离保护动作，相间距离Ⅰ、Ⅱ、Ⅲ段，接地距离Ⅰ、Ⅱ、Ⅲ段，零序过流Ⅰ、Ⅱ、Ⅲ段，TV断线过流，重合闸动作，过负荷，装置异常告警（包括TV断线、CT断线、差流越限、装置自检出错等告警信息），光纤通道故障告警、控制回路断线。

110kV保护动作远传信息包括距离Ⅰ段、Ⅱ段、Ⅲ段，接地距离Ⅰ段、Ⅱ段、Ⅲ段、零序Ⅰ段、Ⅱ段、Ⅲ段，电流差动动作，重合闸，装置异常告警（包括TV断线、CT断线、装置自检出错等告警信息），光纤通道故障告警，控制回路断线。

35kV保护动作远传信息包括过流Ⅰ动作、过流Ⅱ动作、过流Ⅲ段动作、重合闸、装置异常告警、控制回路断线。

10kV保护装置远传信息包括过流Ⅰ动作、过流Ⅱ动作、过流Ⅲ段动作、重合闸、装置异常告警、控制回路断线。

电容器保护远传信息包括电流Ⅰ段及Ⅱ段动作、过压、欠压、零压保护动作、装置异常告警。

母差保护装置远传信息包括母线差动保护动作，装置异常告警。

备用电源自投切装置远传信息包括备自投动作，装置异常告警。

低频低压减载装置远传信息包括低频减载动作，低压减载动作，装置异常告警。

(3) 公用远传信息。

全站事故总信号，由站内所有间隔保护装置“保护动作”信号逻辑“或”组成；全站预告总信号，由站内所有间隔保护装置“保护装置异常”信号逻辑“或”组成；保护装置异常信号，由装置失电告警、PT断线、定值校验出错、E2PROM故障等装置自检异常告警信号逻辑“或”组成；站用直流系统远传信号，包括绝缘监测故障（直流接地），充电模块故障，直流屏工作异常；母线电压切换装置动作信号；站用交流系统投入信息；10kV母线消谐装置动作信号；烟雾告警信号，由主控室、10kV高压室烟火告警信息合并而成；UPS系统告警信号，包括系统故障、交流故障、直流欠压、旁路输出、同步异常、系统过载、系统过压；GPS系统告警信号；通信中断告警信号，包括保护、测控装置通信故障，站用交直流系统通信故障，模拟闭锁装置通信中断告警信号，由站端综合自动化系统轮询各端口设备判断通信正常与否，各保护测控装置通信故障信号逻辑“与”合并生成“保护测控装置通信异常”信号，站端后台机分别显示故障信息，便于故障查找。

3. 遥控信息

包括远方操作断路器，远程操控变压器中性点接地刀闸，远方操控220kV以上电动隔离开关，保护装置远方动作信号复归，二次电压远方并列、解列，远程站用交流电源切换，保护软压板的远方投退等。

4. 遥调信息

包括有载调压主变压器分接头位置调节，消弧线圈抽头位置调节等。

二、变电站综合自动化系统的通信功能

变电站综合自动化系统主要由微机保护子系统、自动装置子系统及微机监控子系统组成。以微机保护为例，其通信功能除与微机监控系统通信外，还包括通过监控系统与控制中心的数据采集和监控系统的数据通信，具体包括：

(1) 接受监控系统查询。

(2) 向监控系统传送事件报告，具有远传数据功能，失电后这些信息还能保留。

(3) 向监控系统传送自检报告，包括装置内部自检及对输入信号的检查。

(4) 校对时钟，与监控系统对时，修改时钟。

(5) 修改保护定值。

(6) 接受调度或监控系统值班人员投退保护命令。

（7）保护信号的远方复归功能。

（8）实时向监控系统传送保护主要状态。

三、变电站自动化系统通信的特点与要求

（一）变电站综合自动化系统对通信网络的要求

由于变电站的特殊环境和综合自动化系统的要求，其数据网络具有以下要求。

1. 快速的实时响应能力

变电站综合自动化系统的数据网络要及时地传输现场的实时运行信息和操作控制信息。在电力工业标准中对系统的数据传送有严格的实时性指标，网络必须很好地保证数据通信的实时性。

2. 很高的可靠性

电力系统是连续运行的，数据通信网络也必须是连续运行的，通信网络的故障和非正常工作会影响整个变电站综合自动化系统的运行，设计不合理的系统，严重时甚至会造成设备和人身事故。因此，变电站综合自动化系统的通信子系统必须具有很高的可靠性。可靠性的要求包含了设备可靠和网络可靠。

3. 很强的抗干扰能力

变电站是一个具有强电磁干扰的环境，存在电源、雷击、跳闸等强电磁干扰和地电位差干扰，通信环境恶劣，数据通信网络须注意采取相应的措施消除这些干扰。

4. 分层式结构

这是由整个系统的分层分布式结构决定的，也只有实现通信系统的分层，才能实现整个变电站综合自动化系统的分层分布式结构。系统的各层次又有其特殊应用和性能要求，因此每一层都要有合适的网络环境。

5. 组网灵活，容易扩展和扩容

考虑到将来电力需求的发展，变电站也应当能够实现方便的扩展和扩容，相应地就要求配电通信网络也能随时作节点的增减等修改，做到组网灵活，容易扩展和扩容。

（二）信息传输响应速度的要求

不同类型和特性的信息要求传送的时间差异很大，其具体内容有。

1. 经常传输的监视信息

（1）监视变电站的运行状态，需要传送母线电压、电流、有功功率、频率等测量值，这类信息经常传输，响应时间需满足 SCADA 的要求，一般不宜大于 1～2s。

（2）计量用的信息如有功电能量，传送的时间间隔较长，传送的优先级可降低。

（3）刷新变电站数据库所需的信息可以采用定时召唤方式。

2. 突发事件产生的信息

（1）系统发生事故的信息要求传输时延最小，优先级最高。

（2）正常操作的状态变化信息要求立即传输，传输响应时间要小。

（3）故障下，继电保护动作的状态信息和时间顺序记录，不需立即传送，故障处理完

后再传送。

(三) 各层次之间和每层内部传输信息时间的要求

1997 年 8 月国际大电网会议上提出了变电站内通信网络传输时间要求：设备层和间隔层之间，间隔内各设备之间，间隔层各间隔单元之间为 1～100ms；间隔层和变电站层之间为 10～1000ms；变电站层各设备之间，变电站和控制中心之间为 1000ms。

第三节　数字信号的频带传输

厂站端的数据在计算机中是以离散的二进制数字信号来表示的，称为基带数字信号，这种信号传输距离较近，而调度中心与它所控制的厂站之间的距离一般在几十公里，甚至几百公里，若直接传输基带数字信号将因电平干扰和衰减而发生失真。在远程通信中，将基带数字信号进行调制传送，这样即可减弱干扰信号。信号到达接收端后，进行解调，恢复基带数字信号。

调制（modulation）是将各种数字基带信号转换成适于信道传输的数字调制信号，解调（demodulation）是指在接收端将收到的数字频带信号还原成数字基带信号。完成调制和解调的设备称为调制解调器，即 Modem。

在调制过程中，基带数字信号又称为调制信号。调制的过程就是按调制信号（基带数字信号）的变化规律去改变载波的某些参数，使基带数字信号附加在载波中。数字调制所用的载波一般也是连续的正弦信号，之所以在实际通信中多选用正弦形信号，是因为它具有形式简单，便于产生和接收等特点。

数字调制分为三种基本方式：幅度键控（ASK）、频移键控（FSK）和相移键控（PSK）。

一、幅移键控（ASK）

幅移键控（ASK）是使正弦波的振幅随数字信号不同而变化，用载波的两个不同振幅来表示二进制“0”和“1”。图 5－17 所示是一个 ASK 信号产生及波形的例子。正弦载

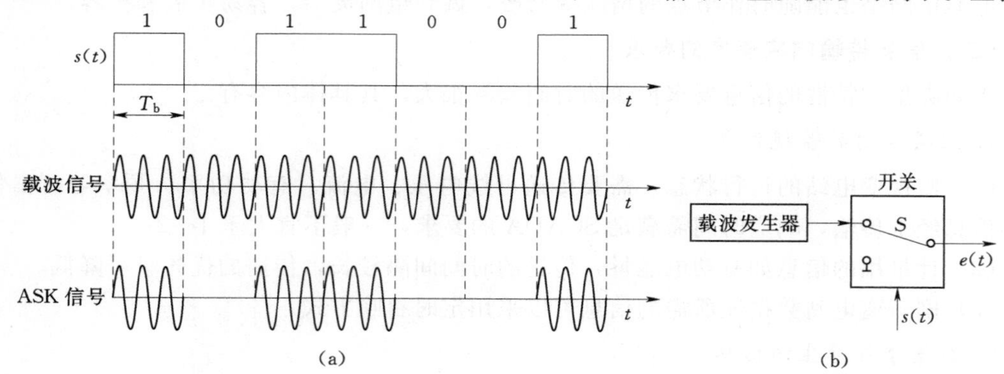

图 5－17　ASK 信号产生及波形

(a) ASK 信号波形；(b) ASK 信号产生器框图

波受到信码控制，当信码为 1 时，开关 S 闭合，ASK 的波形是若干个周期的高频等幅波（图中为 3 个周期）；当信码为 0 时，开关 S 断开，ASK 信号的波形是零电平。ASK 易受突发干扰影响，是一种不十分理想的调制方式。

二、频移键控（FSK）

频移键控（FSK）调制，是用数字信号来控制高频载波的频率变化，调制后的载波信号频率代表了要传递的数字信号。从图 5－18 中可以看出，基带信号为高电平，对应的 FSK 信号是一个频率为 f_1 的载波；基带信号为低电平，FSK 信号则是一个频率为 f_2 的载波。FSK 抗干扰能力优于 ASK 方式。

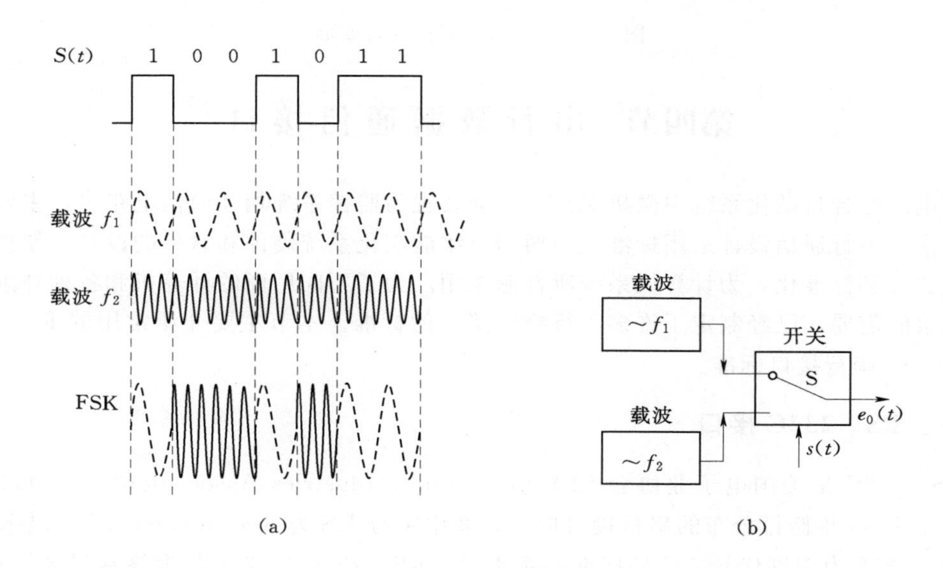

图 5－18　FSK 信号产生及波形

(a) FSK 信号波形；(b) FSK 信号产生器框图

三、相移键控（PSK）

相移键控 PSK 又分为绝对相移键控（PSK）和相对相移键控（DPSK）。绝对相移是利用载波的相位偏移（指某一码元所对应的已调波与参考载波的初相差）直接表示数据信号的相移方式。如规定已调载波与未调载波同相表示数字信号“0”，与未调载波反相表示数字信号“1”，如图 5－19 所示。

相对相移是利用载波的相对相位变化表示数字信号的相移键控方式。所谓相对相位是指本码元初相与前一码元末相的相位差（即向量偏移）。有时为了讨论问题方便，也可用相位偏移来描述。在这里，相位偏移指的是本码元的初相与前一码元（参考码元）的初相相位差。对于二进制 DPSK，规定相对相位不变表示数字信号“0”，相对相位改变 π 表示数字信号“1”，如图 5－19 所示。

本书只介绍调制的原理，关于解调的知识读者可查询相关资料。

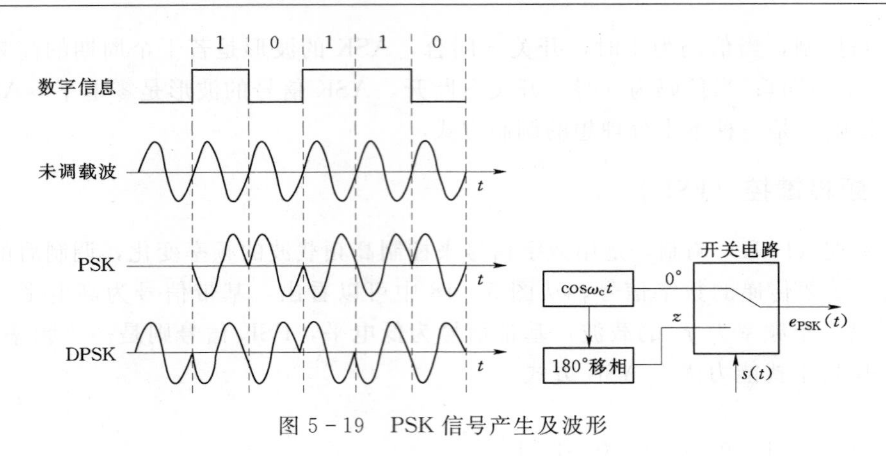

图 5-19　PSK 信号产生及波形

第四节　串行数据通信接口

变电站综合自动化系统中微机保护、自动装置与监控系统相互通信电路中，主要使用串行通信。串行通信设计采用标准化的通用总线能简化系统硬件和软件的设计，使得系统结构模块化和标准化，为计算机系统所普遍采用。为了不同厂商的计算机和各种外围设备串行连接的需要，已经制定了许多串行物理接口的标准。本节主要介绍常用的 RS-232C 和 RS-485 串行接口标准。

一、RS-232C 接口

RS-232C 是美国电子业协会 EIA（Electronics Idustries Association）于 1962 年公布，并于 1969 年修订公布的串行接口标准，其中字母 RS 为 Recommanded Standard（推荐标准），232 为识别代号，C 是标准的版本号。RS-232C 定义了数据终端设备（DTE）与数据通信设备（DCE）之间的物理接口标准。DTE 包括各种用户终端、计算机等设备，DCE 指提供给用户的通信设备如 MODEM、电传机等。

大多数计算机包含 2 个基于 RS-232 的串口，仪器仪表设备也配有 RS-232 串行通信接口。

（一）机械特性

标准的 RS-232C 接口规定采用 25 针连接器 DB-25，并规定 DTE 的接插件为凸形，DCE 的接插件为凹形。对不需要 25 针的系统来说，常用 9 针连接器 DB-9。DB-25 和 DB-9 连接器的尺寸及每个插针的排列位置都有明确的定义，如图 5-20 所示。DB-25

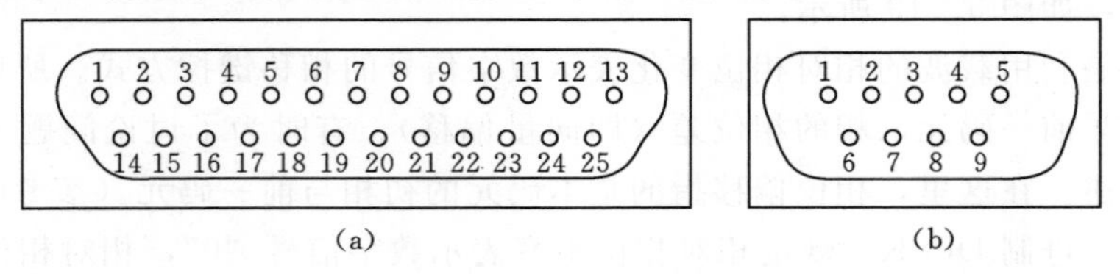

图 5-20　RS-232 接口

(a) DB-25 连接器；(b) DB-9 连接器

连接器虽然有 25 个引脚，实际通信时，只需 9 个引脚，其定义见表 5－1 所列。

表 5－1　RS－232C 标准接口主要引脚定义

符号	25 针引脚	9 针引脚	信号流向	功能
TxD	2	3	输出	发送数据
RxD	3	2	输入	接收数据
RTS	4	7	输出	请求发送
CTS	5	8	输入	清除发送
DSR	6	6	输入	数据装置准备好
GND	7	5		信号地
DCD	8	1	输入	数据载体检测
DTR	20	4	输出	数据终端准备好
RI	22	9	输入	振铃指示

（二）电气特性

由于 RS－232C 是早期为促进公用电话网络进行数据通信而制定的标准。为了增加信号在线路上的传输距离和提高抗干扰能力，RS－232C 采用了较高的传输电平，且为双极性、公共地和负逻辑，即规定逻辑“1”状态电平为－15～－5V，逻辑“0”状态电平为＋5～＋15V，其中－5～＋5V 用作信号状态的变迁区。而计算机均采用 TTL 逻辑电平，TTL 电平规定低电平“0”在 0～＋0.8V 之间，高电平“1”在＋2.4～＋5V 之间，因此在 TTL 电路与 RS－232C 总线之间要进行电平的转换及正反逻辑的转换，否则将使 TTL 电路烧毁。

RS－232 电平和 TTL 电平的转换广泛使用集成电路转换器件转换，如 MCl488、SN75150 芯片可完成 TTL 电平到 RS－232 电平的转换，MCl489、SN75154 芯片可实现 RS－232 电平到 TTL 电平的转换，而 MAX232 芯片可完成 TTL 电平与 RS－323 电平双向转换。由于 MCl488 要求使用±12V 高压电源，不太方便。MAX232 内部有电压倍增电路和转换电路，仅需＋5V 电源便可工作，使用十分方便。图 5－21 为使用 MC1488 和 MC1489 完成 RS－232 电平和 TTL 电平转换的示意图。

（三）RS－232C 的连接

近距离与远距离通信时，所使用的信号线是不同的。所谓近距离是指传输距离小于 15m 的通信。在 15m 以上的远距离通信时，一般要加调制解调器 MODEM，故所使用的信号线较多。

1. 零 MODEM 接线

近距离通信时，不采用调制解调器 MODEM（称为零 MODEM 方式），通信双方可以直接连接，这种情况下，只需使用少数几根信号线。近距离通信时的连接一般用不着使用载波检出和振铃信号。

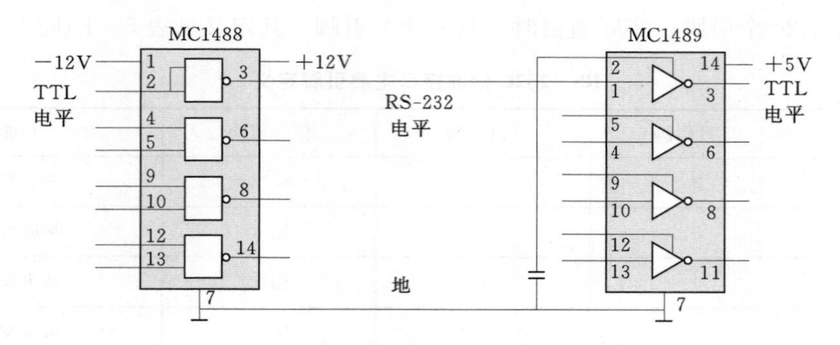

图 5-21 RS-232 电平和 TTL 电平转换示意图

图 5-22（a）所示是最简单的情况，在通信中根本不要 RS-232C 的控制联络信号，只需使用 3 根线（发送线 TxD、接收线 RxD、公共信号地线 GND）便可实现全双工异步串行通信。图中的 2 号线与 3 号线交叉连接是因为在直连方式时，把通信双方都当作数据终端设备看待，双方都可发也可收。在这种方式下，通信双方的任何一方，只要请求发送 RTS 有效和数据终端准备好 DTR 有效就能开始发送和接收。但这种情况由于没有联络信号，必须要考虑两端的同步问题。当接收端还没有将前一个字符数据读走的时候，后一个字符又来了，就会覆盖掉前一个字符而造成通信错误。

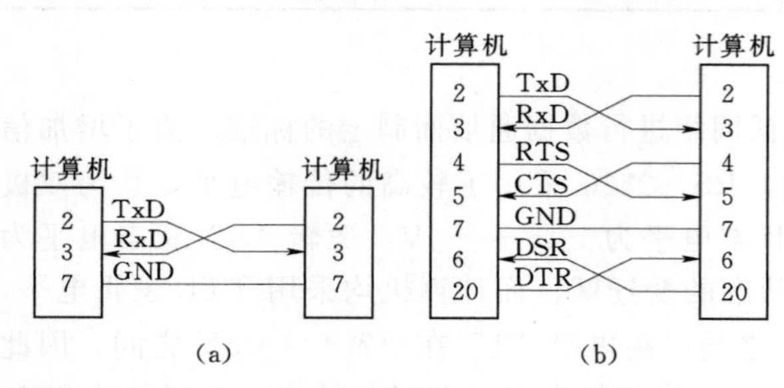

图 5-22 零 MEDEM 接线

（a）简单接线；（b）标准接线

图 5-22（b）所示是零 MODEM 方式的标准连接方法。双方的发送数据（TxD）和接收数据（RxD）交叉连接，请求发送（RTS）与允许发送（CTS）交叉连接，数据通信设备准备就绪（DSR）与数据终端设备准备就绪（DTR）交叉连接。请求发送（RTS）端连接到对方的允许发送（CTS）端上，当它请求发送时，就使对方的允许发送有效，对方认为连接到其上的 DCE 设备允许发送数据了。双方都认为其对方是 DCE 设备。

数据通信设备准备就绪（DSR）端连接到对方的数据终端设备准备就绪（DTR）端，当它有效时，认为连接到其上的 DCE 设备已准备就绪，可以发送数据了。同样，双方都认为其对方是 DCE 设备。发送数据（TxD）端连接到对方的接收数据（RxD）端，在上述的联络信号的控制之下双方就可进行全双工传输或半双工传输了。

2. 远距离通信

远距离通信时，一般要使用调制解调器 MODEM，图 5-23 为通信双方 MODEM 之间采用普通电话交换线进行通信的示意图。

（四）RS-232C 接口存在的问题

1. 传输距离短，传输速率低

RS-232C 总线标准受电容允许值的约束，使用时传输距离一般不要超过 15m（线路

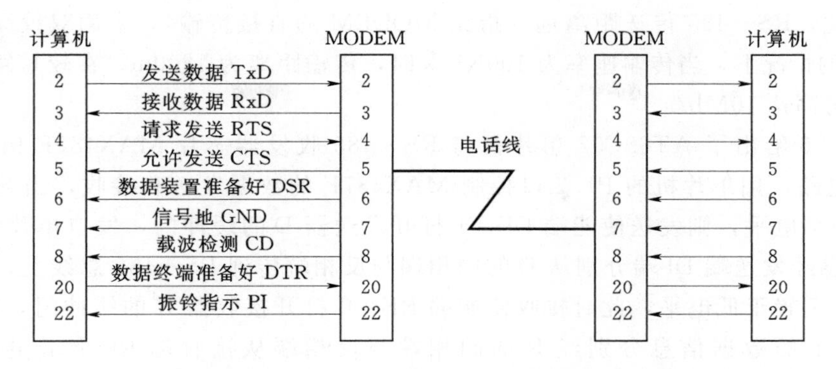

图 5－23　RS－232C 用于远距离通信

条件好时也不超过几十米），最高传送速率为 20Kbps。

2. 抗干扰能力差

RS－232C 总线标准要求收发双方共地，通信距离较大时，收发双方的地电位差别较大，在信号地上将有比较大的地电流并产生压降，这种共地传输容易产生共模干扰，所以抗噪声干扰能力差。

3. RS－232C 电平和 TTL 电平不一致

RS－232C 接口的信号电平值较高，易损坏接口电路的芯片，又因为与 TTL 电平不兼容故需使用电平转换电路方能与 TTL 电路连接。

二、RS－485 接口

由于 RS－232C 存在一些问题，所以 EIA 在 1977 年作了部分改进，制定了新标准 RS－449：除了保留与 RS－232C 兼容外，还在提高传输速率，增加传输距离，改进电气特性等方面做了很多努力，增加了 RS－232C 没有的环测功能，明确规定了连接器，解决了机械接口问题。在 RS－449 标准下，推出的子集有 RS－423A/RS－422A，以及 RS－422A 的变型 RS－485。RS－422 为全双工，采用两对差分平衡信号线；而 RS－485 为半双工，只需一对平衡差分信号线。

平衡驱动差分接收电路如图 5－24 所示，它采用平衡驱动输出的发送器和差动输入的接收器，从根本上消除了信号地线，这相当于两个单端驱动器，输入同一个信号时，其中一个驱动器的输出永远是另一个驱动器的反相信号。当干扰信号作为共模信号出现时，一根导线上出现的噪声电压会被另一根导线上的噪声电压抵消，因此可以削弱噪声对信号的

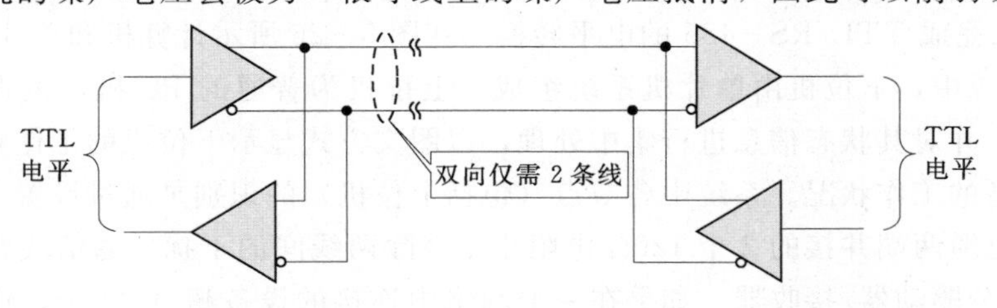

图 5－24　平衡驱动差分接收电路

影响。因此，RS－485 传送距离远（指无 MODEM 的直接传输），采用双绞线，在不用 MODEM 的情况下，当传输速率为 100Kb/s 时，传输距离为 1200m。在较短距离内，其传输速率可高达 10Mb/s。

图 5－25 给出了 AT89C52 单片机与 RS－485 收发器芯片 MAX487E 构成的 RS－485 接口电路，用单片机的 P1.7 口控制 MAX487E 的数据发送和接收，当数据发送时置 P1.7 为高电平，则发送使能端 DE＝1 打开发送器 D 的缓冲门，发自单片机 TXD 端的数据信息经发送端 DI 端分别从 D 的同相端与反相端传到 RS－485 总线上；当接收数据时把 P1.7 置于低电平，此时接收使能端 RE＝0 打开接收器 R 的缓冲门，来自于 RS－485 总线上的数据信息分别经 R 的同相端与反相端从接收端 RO 传出进入单片机 RXD 端。

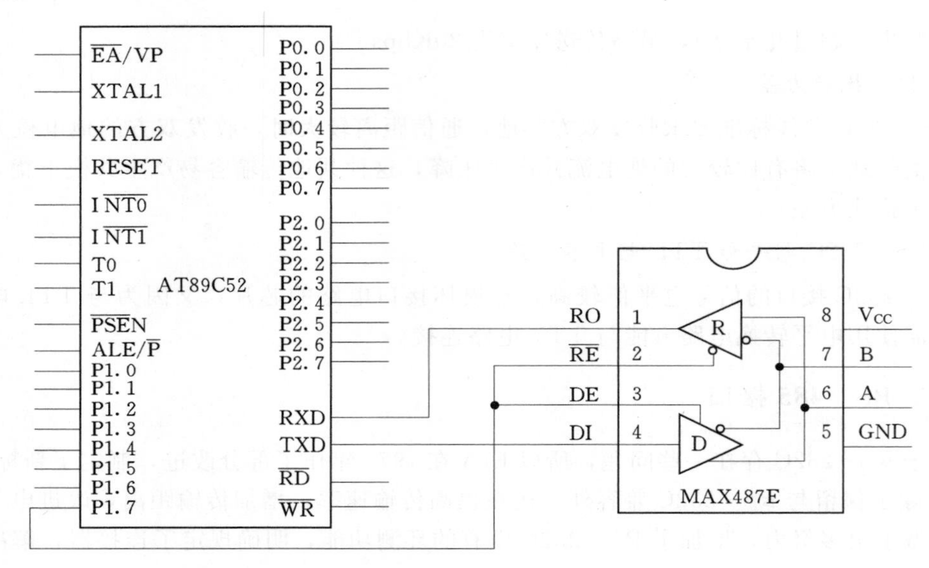

图 5－25　单片机系统中的 RS－485 接口电路

RS－485 总线上的 A 正（高）B 负（低）电平对应的是逻辑“1”，而 RS－485 总线上的 A 负（低）B 正（高）电平对应的是逻辑“0”。一般地，A 与 B 之间的正负（高低）电压之差在 0.2～2.5V 之间。

RS－485 是一点对多点的通信接口，一般采用双绞线的结构。普通的 PC 机一般不带 RS－485 接口，因此要使用 RS－232C/RS－485 转换器。对于单片机可以通过芯片 MAX487E 来完成 TTL/RS－485 的电平转换。在图 5－26 所示计算机和单片机组成的 RS－485 通信系统中，下位机由单片机系统组成，上位机为普通的 PC 机，负责监视下位机的运行状态，并对其状态信息进行集中处理，以图文方式显示下位机的工作状态以及工业现场被控设备的工作状况。系统中各节点（包括上位机）的识别是通过设置不同的站地址来实现的。电缆两端并接的 2 个 120Ω 电阻用于消除两线间的干扰。通信线路上最多可以使用 32 对差分驱动器/接收器。如果在一个网络中连接的设备超过 32 个，还可以使用中继器。

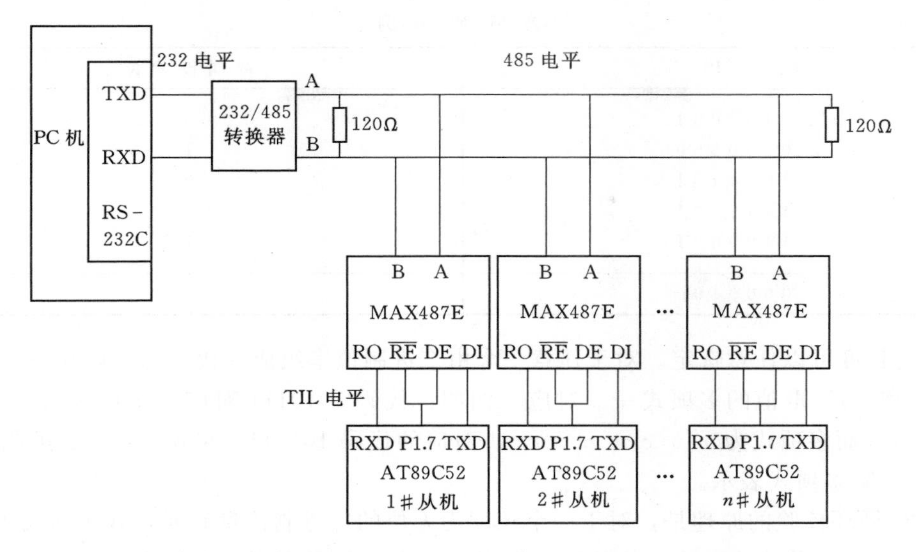

图 5-26　PC 机与多个单片机系统构成的 RS-485 通信网络

第五节　数据传输差错控制

串行数据在传输过程中，由于干扰而引起误码是难免的，这将直接影响通信系统的可靠性，所以，通信中的差错控制能力是衡量一个通信系统的重要指标。我们把如何发现传输中的错误，叫检错；在发现错误之后，如何消除错误，叫纠错。在基本通信规程中一般采用奇偶校验或方阵码检错，在高级通信控制规程中一般采用循环冗余码 CRC（Cyclic Redundancy Code）检错和自动纠错。

1. 奇偶校验

在发送数据时，数据位尾随的 1 位为奇偶校验位（1 或 0）。奇校验时，数据中“1”的个数与校验位“1”的个数之和应为奇数；偶校验时，数据中“1”的个数与校验位“1”的个数之和应为偶数。接收字符时，对“1”的个数进行校验，若发现不一致，则说明传输数据过程中出现了差错。奇偶校验的缺陷在于若有 2 位（或偶数位）变化时，则检测不出差错。

2. 方阵码检错

方阵码检错技术是奇偶校验与“检验和”的综合。例如，7 位编码的字符附 1 位奇偶校验位，以使整个字节的“1”的个数为偶数或者为奇数。让若干个带检验位字符组成一个数据块，并对所有数据块中的字符纵向按位加，产生一个单字节的检验字符并附加到数据块末尾，如表 5-2 所示。这一检验字符实际是所有字节“异或”的结果，反映了整个数据块的奇偶性。在接收时，数据块读出产生一个检验字符和发送来的检验字符进行比较。如果两者不同，就表明有错码，反馈重发。

3. 循环冗余码（CRC）检错和自动纠错

CRC 循环校验是数据通信领域中最常用的一种差错校验码，其特征是信息字段和校

表 5-2　方阵码举例

字符码字	奇偶校验位
1101001	0
0100000	1
1010101	0
1111001	1
1100001	1
0000100	1

验字段的长度可以任意选定。对于任意一个由二进制位串组成的代码都可以和一个系数仅为“0”和“1”取值的多项式一一对应。例如：代码 1010111 对应的多项式为 $x^6+x^4+x^2+x+1$，而多项式为 $x^5+x^3+x^2+x+1$ 对应的代码 101111。可见，n 位二进制数，可以用 $n-1$ 阶多项式表示。

CRC 循环校验的原理是，对于一个长度为 k 位的二进制信息码元，其多项式用 $M(x)$ 表示，发送装置将产生一个 r 位的码元序列，称为监督码序列，其用多项式 $R(x)$ 表示。r 位监督码附加在 k 位的信息码元序列后面，组成总长度为 n 位（$n=k+r$）的循环码序列，其多项式为 $C(x)$，并将 n 位的循环码作为一帧信息发送出去。这个 n 位的循环码序列可以被某个预定的生成多项式 $G(x)$ 整除，接收装置对接收到的 n 位码元除以同样的生成多项式 $G(x)$，当无余数时，则认为没有错误。

CRC 校验的要点是选择生成多项式 $G(x)$ 和如何确定监督码 $R(x)$ 的问题。首先选定作为除数的生成多项式 $G(x)$，其次将信息码多项式 $M(x)$ 乘以 x^r 再除以生成多项式 $G(x)$ 得到余项 $R(x)$，最后得到循环码 $C(x)=M(x)x^r+R(x)$。

如信息字段代码为 1011001，对应的多项式为 $M(x)=x^6+x^4+x^3+1$，假设生成多项式为 $G(x)=x^4+x^3+1$，$G(x)$ 对应的代码为 11001，则 $M(x)x^4=x^{10}+x^8+x^7+x^4$ 对应的代码记为 10110010000。采用多项式除法 $\frac{M(x)x^4}{G(x)}$ 得余数为 1010，即校验字段为 1010，发出的循环码为：1 0 1 1 0 0 1 1 0 10。

第六节　变电站综合自动化系统通信规约

变电站自动化系统作为一个整体，包含多个子系统和大量的智能电子装置 IED，这些子系统或 IED 要实现信息共享，就必须借助于通信网络交换数据。同时，厂站端与调度端也要进行信息传输。两个相对独立的设备或系统要想成功地通信，它们借助哪种语言，交流什么，怎样交流及何时交流，都必须遵从一系列互相都能接受的规则，这些规则的集合称为通信规约或通信协议，它可以定义为在两实体间控制数据交换的规则的集合。

一、通信规约概述

目前，国内变电站综合自动化数据传输主要采用循环式数据传送（Cyclic Digital

Transmission）CDT 规约和问答式数据传送 Polling 规约两类。

循环远动规约 CDT 是一种以厂站端 RTU 为主动端自发地不断循环向调度中心上报现场数据的远动数据传输规约。在厂站端与调度中心的远动通信中，RTU 周而复始地按一定规则向调度中心传送各种遥测、遥信、数字量、事件记录等信息。调度中心也可以向 RTU 传送遥控、遥调命令以及时钟对时等信息。CDT 规约采用较早，1991 年已推出最新的部颁规约 DL 451—1991。我国电力系统早期均采用 CDT 规约通信。

由于 CDT 规约固有的缺点，到四大电网调度自动化系统工程引进时，我国开始引入了 Polling 规约，即 IEC 60870—5 系列规约，该规约由国际电工委员会（IEC）电力系统控制及其通信技术委员（TC－57）制定，以适应和引导电力系统调度自动化的发展，规范调度自动化及远动设备的技术性能。为了在兼容的远动设备之间达到互换的目的，国际电工委员会 TC－57 技术委员会又在 IEC 60870—5 系列基本标准的基础上，根据各种应用情况下的不同要求制定了一系列的配套标准，包括：

（1）远动任务配套标准 IEC 60870—5—101（101 规约）一般用于变电站远动设备和调度计算机系统之间，能够传输遥测、遥信、遥调，保护事件信息、保护定值、录波等数据。其传输介质可为双绞线、电力线载波和光纤等，一般采用点对点方式传输。目前我国与之配套的电力行业标准是 DL/T 634.5101—2002。

（2）电能量传输配套标准 IEC 60870—5—102（102 规约）主要应用于变电站电量采集终端和电量计费系统之间传输实时或分时电能量数据。我国与之配套的电力行业标准是 DL/T 719—2000。

（3）继电保护设备信息接口配套标准 IEC 60870—5—103（103 规约）是将变电站内的保护装置接入远动设备的协议，用以传输继电保护的所有信息。我国与之配套的电力行业标准是 DL/T 667—1999。

（4）IEC 60870—5—104（104 规约）是将 IEC 60870—5—101（101 规约）以 TCP/IP 的数据包格式在以太网上传输的扩展应用。我国与之配套的电力行业标准是 DL/T 634.5104—2002。

由于 IEC 60870—5 各协议不能兼容或不能完全兼容，TC57 在 1999 年 9 月召开的京都年会的战略会议（SPAG）上决定在将来 5～10 年内 TC57 的工作重点是制定"无缝通信系统体系标准"，并定名为"变电站和控制中心通过 61850 通信"，即 IEC 61850 协议。IEC 61850 标准采用面向对象的建模技术，面向未来通信的可扩展架构，实现"一个世界，一种技术，一个标准"的目标，已经成为基于通用网络通信平台的变电站自动化系统唯一的国际标准。我国与之配套的电力行业标准是 DL/T 860 规约，是我国建设数字化变电站的核心技术之一。

二、CDT 规约介绍

CDT 规约以帧为单位组织数据，且帧长可变，根据重要性和实时性不同分为 A 帧、B 帧、C 帧、D 帧（D_1 帧和 D_2 帧）与 E 帧五种。这些帧在循环时间上不同，上行信息的传送顺序和传送周期见表 5－3 所列；下行命令是按需要传送，不是循环传送，下行通道中不发命令时，应连续发送同步码。

表 5－3　　上行信息的传送顺序和传送周期

帧类别	传送信息类型	建议传送周期
A	重要遥测信息	≤3s
B	次要遥测信息	≤6s
C	一般遥测信息	≤20s
D_1	遥信状态信息	定时
D_2	电能脉冲计数值	定时
E	随机量，事件顺序记录	随机

同步字	控制字	信息字 1	…	信息字 n

图 5－27　CDT 规约帧结构

（一）帧结构

CDT 规约由同步字、控制字和信息字组成，每个字都由 6 个字节 48 位二进制数组成，如图 5－27 所示。

同步字为一帧信息的开始，取为 EB90H，连发 3 次，共 6 个字节。由于向信道发送时低字节先送，高字节后送；字节内低位先送，高位后送，故实际写入串行口的 6 个同步字节应是 3 组 D709H。

控制字由控制字节、帧类别字节、信息字数字节、源站址字节、目的站址字节和校验码字节共 6 个字节组成，如图 5－28（a）图所示，图 5－28（b）为控制字节各位取值的意义，控制字节一般为 71H。控制字中的帧类别（B_8 字节）用于说明本帧信息的属性，CDT 规约中对不同的帧类别给出了指定代码，见 5－4 表所列。控制字中校验码字节采用 CRC 循环校验，生成多项式为 $G(x)=x^8+x^2+x+1$。

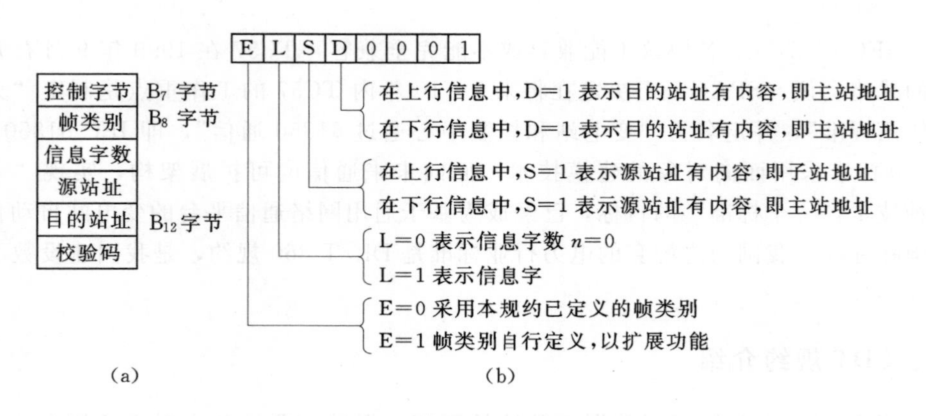

图 5－28　控制字和控制字节组成

（a）控制字；（b）控制字节

表 5-4　　帧类别代码定义表

帧类别	定义	
	上行 E=0	下行 E=0
61H	重要遥测（A 帧）	遥控选择
C2H	次要遥测（B 帧）	遥控执行
B3H	一般遥测（C 帧）	遥控撤销
F4H	遥信状态（D_1 帧）	升降选择
85H	电能脉冲计数值（D_2 帧）	升降执行
26H	事件顺序记录（E 帧）	升降撤销
57H		设置命令
7AH		设置时钟
0BH		设置时钟校正值
4CH		召唤子站时钟
3DH		复归命令
9EH		广播命令

（二）信息字结构

信息字承载远动信息，每个信息字由 6 个字节组成，如图 5-29 所示，包括功能码、信息数据和校验码。功能码说明了该信息字的用途，其定义分配见表 5-5 所列。

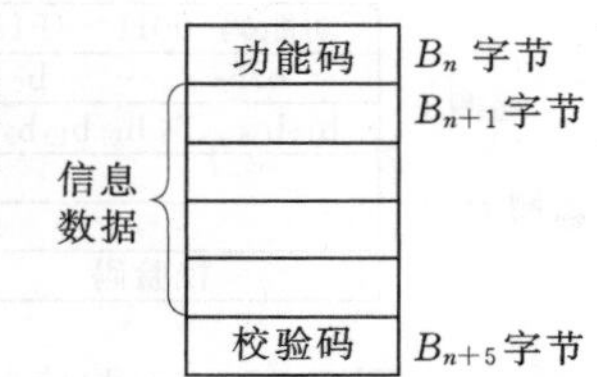

图 5-29　信息字格式

（三）报文举例

1. 遥测报文举例

遥测信息字格式如图 5-30 所示，此时控制字的帧类别为 61H（见表 5-4）；遥测信息字功能码取 00H～7FH，可用字数为 128；每个遥测信息字

表 5-5　　功能码分配表

功能码代码	字　数	用　途	信息位数	容　量
00H～7FH	128	遥测	16	256
80H～81H	2	事件顺序记录	64	4096
82H～83H	2	备用		
84H～85H	2	子站时钟返送	64	1
86H～89H	4	总加遥测	16	8
8AH	1	频率	16	2
8BH	1	复归命令（下行）	16	16
8CH	1	广播命令（下行）	16	16
8DH～92H	6	水位	24	6
93H～9FH	14	备用		
A0H～DFH	64	电能脉冲计数值	32	64

续表

功能码代码	字　数	用　途	信息位数	容　量
E0H	1	遥控选择（下行）	32	256
E1H	1	遥控返校	32	256
E2H	1	遥控执行（下行）	32	256
E3H	1	遥控撤销（下行）	32	256
E4H	1	升降选择（下行）	32	256
E5H	1	升降返校	32	256
E6H	1	升降执行（下行）	32	256
E7H	1	升降撤销（下行）	32	256
E8H	1	设定命令（下行）	32	256
E9H～EBH	3	备用		
ECH	1	子站状态信息	8	1
EDH	1	设置时钟校正值（下行）	32	1
EEH～EFH	2	设置时钟（下行）	64	1
F0H～FFH	16	遥信	32	512

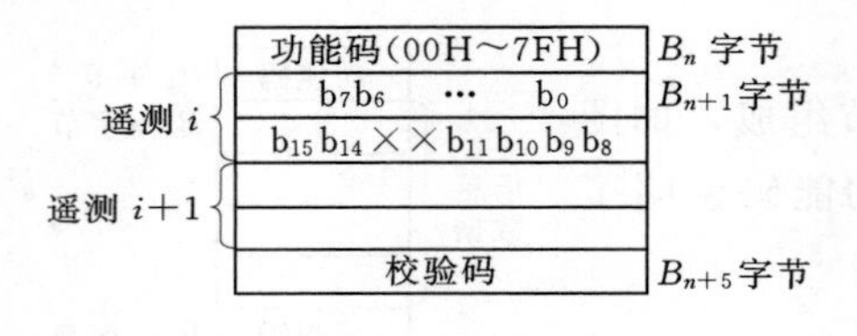

图 5-30　遥测信息字

传 2 路遥测，其中 b_{15} 为数据无效位，b_{14} 为数据溢出位，b_{11} 为符号位，负数以补码表示，b_{10}～b_0 为传输的数值，最大值为 7FFH，即 2047；功能码 00 上送第 1～2 个遥测量，功能码 01 上送第 3～4 个遥测量，以此类推。所以，遥测上送的最大容量为 128×2＝256。

报文内容如下：

eb 90 eb 90 eb 90　71 61 20 01 64 2d
00 e5 03 e7 03 49　01 e7 03 00 00 26　02 c1 06 00 00 fa
03 00 00 00 00 59　04 00 00 00 00 70　05 a9 06 00 00 36
06 97 00 98 00 c9　07 95 00 00 00 ce　08 6f 0f cd 0f 0f
09 b7 09 87 00 99　0a 84 00 85 00 bc　0b 00 00 d2 0f fd
0c f8 0f 6c 09 ab　0d 00 00 00 00 0b　0e 00 00 00 00 ad
0f 00 00 cb 06 a7　10 fe 0f 5d 03 a1　11 53 03 4b 03 11
12 4a 03 e4 00 a4　13 cb 06 6e 06 07　14 d9 03 da 03 a5
15 dc 03 ab 06 25　16 00 00 03 00 b9　17 00 00 ff 0f 1e
18 00 00 56 09 99　19 db 03 dc 03 03　1a dd 03 af 06 57
1b ab 03 15 00 ac　1c a9 03 69 02 f9　1d 74 00 8b 06 60
1e 83 04 82 04 bf　1f 85 04 0e 00 ff

此报文中，eb 90 eb 90 eb 90 为三组同步字；71 61 20 01 64 2d 为控制字，71 为控制字节，61 为帧类别（重要遥测），20 为信息字数（对应十进制为 32），2d 为校验码。32 个信息字的功能码取值为 00～1f，每个信息字的最后一个字节均为校验码。

以信息字 00 e5 03 e7 03 49 为例，功能码 00 表示送遥测 1 和 2，其中遥测 1 源码为 3e5H（因遥测数据的低字节在前，高字节在后，换算成十进制数为 997），遥测 2 源码值为 3e7H（对应十进制数为 999），源码再乘以转换系数即可得到遥测量的实际值。

2. 遥信报文举例

遥信信息字格式如图 5-31 所示，此时控制字的帧类别为 F4H（见表 5-4）；信息字的功能码为 F0H～FFH，可用字数为 16；每个遥信有 32 个状态位，状态位取 1 表示合，取 0 表示分；功能码 F0H 上送第 1～32 个遥信状态，F1H 上送第 33～64 个遥信状态，以此类推。所以，遥信上送最大容量为 32×16＝512。

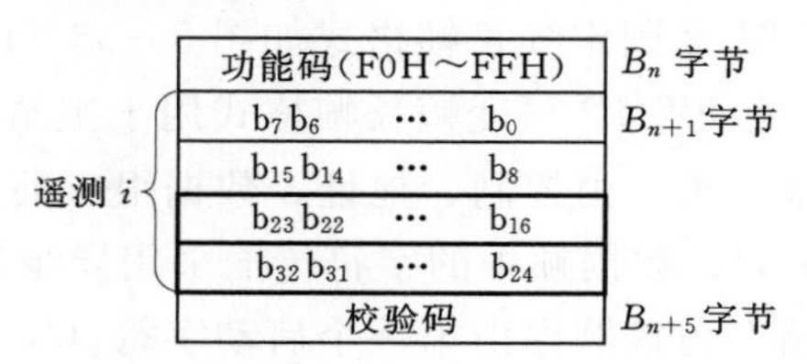

图 5-31　遥信信息字

报文内容如下：

eb 90 eb 90 eb 90	71 f4 10 01 64 d4
f0 00 00 00 00 f6	f1 00 60 38 1c 54
f2 00 00 00 02 3c	f3 64 00 00 00 5d
f4 02 84 a5 c1 e5	f5 02 00 05 05 6d
f6 05 05 00 01 34	f7 05 05 05 05 0b
f8 05 05 04 41 f5	f9 38 d0 00 20 5b
fa 00 00 00 00 2b	fb 00 00 00 00 49
fc 00 00 00 00 60	fd 00 58 02 90 a4
fe 40 05 00 04 e3	ff 00 02 00 12 6e

其中，71 f4 10 01 64 d4 为控制字，f4 为遥信帧类别；10 为信息字数，转换成十进制为 16；16 个信息字的功能码取值为 f0～ff。

以 f1 00 60 38 1c 54 为例，功能码 f1 上送第 33～64 个遥信的量，00 表示第 33～40 个遥信状态为 0（断开），60 表示第 41～48 个遥信量，第 46 和 47 个遥信量状态是合（取值 1），其余遥信量状态是断（取值 0）。

三、问答式远动规约

问答式 Polling 规约适用于网络拓扑是点对点、点对多点、多点共线、多点环形或多点星形的远动系统。可用于调度或监控中心与一个或多个厂站端进行通信，其通道可以是双工或半双工，信息传输为异步方式。Polling 规约以调度或监控中心为主动方进行数据传输，RTU 或厂站综合自动化系统只有在调度或监控中心询问以后，才能向对方回答信息。问答式远动规约通信过程如图 5-32 所示。

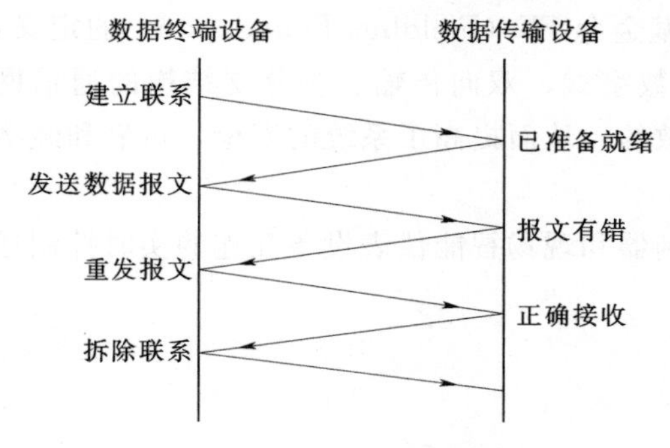

图 5-32　问答式远动规约通信过程

在 DL/T 634—1997 中，信息以帧的方式组织传输，采用的帧格式为 IEC 60870—5 基本标准中的 FT1.2 异步式字节传输格式，FT1.2 具有可变帧长和固定帧长两种形式。FT1.2 可变帧长帧格式如图 5-33（a）所示，FT1.2 固定帧长帧格式如图 5-33（b）所示。

FT1.2 可变帧长帧格式用于主站和子站之间的数据传输，由固定长度（4 个字节）的报文头＋由控制、地址、数据组成的信息实体＋校验码＋结束字符组成；启动字符固定为 68H；数据帧中的字符传输采用异步传输方式（字符间的间隔时间是任意的）数据帧在线路上传输顺序由第一个启动字符（字节）开始直至结束字符每一个字符从低位至高位依次传送。FT1.2 固定帧长帧格式用于子站回答主站的确认报文或主站向子站的询问报文。

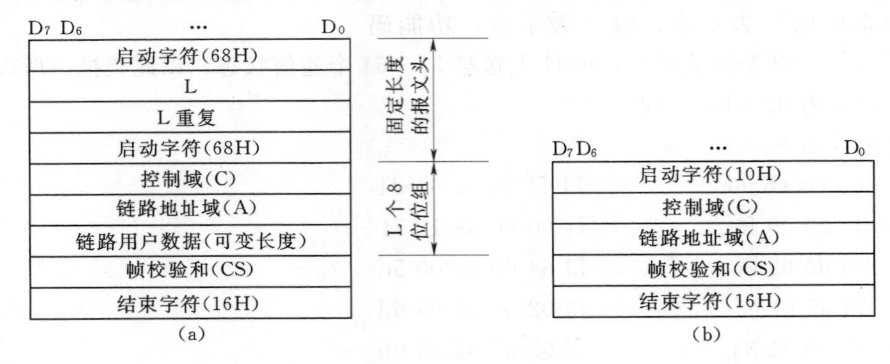

图 5-33　IEC 60870—5 基本标准 FT1.2 异步式帧格式

（a）FT1.2 可变帧长帧格式；（b）FT1.2 固定帧长帧格式

第七节　变电站综合自动化系统的通信网络

数据通信是计算机与通信相结合而产生的一种通信方式和通信业务。在数据通信的过程当中，实际上是大家在共享信息，这个共享可以是局部的也可以是远程的。因此说，数据通信是指依照通信协议，在 2 个设备之间利用传输媒体进行的数据交换。它可实现计算机与计算机、计算机与终端以及终端与终端之间的数据信息传递。本节主要介绍现场总线通信网络和以太网。

一、现场总线通信网络

根据国际电工委员会 IEC 标准和现场总线基金会 FF（Fieldbus Foundation）的定义：现场总线是连接智能现场设备和自动化系统的数字式、双向传输、多分支结构的通信网络。以现场总线构成的控制系统，结构上是分散的，从而提高了系统的安全、可靠和经济性能。

现场总线是将自动化系统最底层的现场控制器和现场智能仪表设备互连的实时控制通信网络。现场总线的特点如下：

（1）现场设备互连网络化。

（2）信号传输数字化。

（3）系统和功能分散化。

（4）现场总线设备有互操作性。

（5）现场总线的通信网络为开放式互联网络。

（一）电力系统常用的现场总线

1. LonWorks 现场总线

LonWorks 现场总线技术是由美国 Echelon 公司推出并由它与摩托罗拉、东芝公司共同倡导，于 1990 年正式公布而形成的。它采用了 ISO/OSI 模型的全部 7 层通信协议，采用了面向对象的设计方法，其通信速率从 300bps 至 1.5Mbps 不等，直接通信距离可达 2700m（78kbps，双绞线）。LonWorks 总线支持双绞线、同轴电缆、光纤、射频、红外线、电力线等多种通信介质，并开发了相应的本质安全防爆产品，被誉为通用控制网络。

LonWorks 总线提供了完整的端到端的控制系统解决方案，可同时应用在装置级、设备级、工厂级等任何一层总线中，并提供实现开放性互操作控制系统所需的所有组件，使控制网络可以方便地与现有的数据网络实现无缝集成。

LonWorks 的核心部件是 Neuron 神经元通信处理芯片、收发器模块和 Lontalk 通信协议。Neuron 神经元通信处理芯片内有 3 个 8 位 CPU，第一个 CPU 为介质访问控制 MAC 处理器，处理 LonTalk 协议的第一层和第二层；第二个 CPU 为网络处理器，处理 LonTalk 协议的第三层到第六层；第三个 CPU 为应用处理器，实现 LonTalk 协议的第七层，执行用户编写的代码及用户代码所调用的操作系统服务。LonWorks 网络上的装置都必须有 1 个神经元芯片。LonTalk 的 6 层已经在购买的神经元芯片中完成，用户只需编写应用程序。LonTalk 通信协议是 LonWorks 技术的核心，它提供了 OSI（开放系统互连，Open System Interconnection）参考模型的全部 7 层服务，并固化于 Neuron 芯片。

LonWorks 网络的节点相互独立，从硬件结构上保证当任何一节点出现故障，不会影响整个网络的工作。LonWorks 网络可接入上万个节点，主要适用于大型的对响应时间要求不太高的分布式控制系统。

2. CAN 总线

CAN 是控制局域网络（Control Area Network）的简称，最早由德国 BOSCH 公司推出，用于汽车内部测量与执行部件之间的数据通信。其总线规范现已被 ISO 国际标准组织制定为国际标准。

CAN 协议也是建立在国际标准组织的开放系统互连模型基础上的，只取 OSI 底层的物理层、数据链路层和顶层的应用层。信号传输介质为双绞线。通信速率最高可达 1Mbps/40m，直接传输距离最远可达 10km/5kbps。可挂接设备数最多可达 110 个。CAN 的信号传输采用短帧结构，每一帧的有效字节数为 8 个，因而传输时间短，受干扰的概率低。CAN 特点如下：

（1）CAN 为多主方式工作，网络上任一节点均可在任意时刻主动地向网络上其他节点发送信息，而不分主从，通信方式灵活，且无需站地址等节点信息。利用这一特点可方便地构成多机备份系统。

（2）CAN 网络上的节点信息分成不同的优先级，可满足不同的实时要求，高优先级的数据最多可在 134ms 内得到传输。

（3）CAN 采用非破坏性总线仲裁技术，当多个节点同时向总线发送信息时，优先级较低的节点会主动地退出发送，而最高优先级的节点可不受影响地继续传输数据，从而大大节省了总线冲突仲裁时间。

(4) CAN 只需通过报文滤波即可实现点对点、一点对多点及全局广播等几种方式传送接收数据，无需专门的“调度”。

(5) CAN 的每帧信息都有 CRC 校验及其他检错措施，保证了数据出错率极低。

(二) 现场总线存在问题

1. 大信息量传输时实时性一般

LonWorks 支持长报文传输，但实时性能大大降低。CAN 的实时性能高，但只能用于短报文传递，长报文必须分拆，大大增加软件复杂度。

2. 开放性与互操作性远低于 RS-485 或以太网

由于电力系统没有一个针对各种现场总线的标准协议，导致各个厂家均自行定义一套传输协议，两个不同厂家间无法直接互联互通。

3. 生产成本高，工程配置不便

LonWorks 的器件成本远高于 RS-485 及以太网，工程每增删一个节点或还需要专用工具配置。CAN 的成本也略高于 RS-485，且在系统传输大量数据时还存在诸多不变。

二、以太网 (Ethernet)

以太网是最常用最常见的局域网技术。以太网 (Ethernet) 最早在美国军方使用，但随其在民用系统中的普及，已成为当今使用最广泛的局域网，在所有的网络连接中，80% 都是基于以太网的。

以太网的优越性体现在：传输速度快（支持 10～1000M），可扩展性好；生产和组网成本低；网络维护和管理简单。基于这些原因，以太网近几年在变电站自动化系统中已得到大量应用，且必将成为 IED 互联的必然选择。另外，受变电站强电磁场、高电位差干扰，以及存在数百米的传输距离，光纤以太网得到大量的应用。

(一) 网络拓扑结构

在网络中，多个站点相互连接的方法和形式称为网络拓扑。以太网的拓扑结构的基本主要有星型、总线型和环型等，如图 5-34 所示。变电站自动化系统实际应用时，往往是上述几种拓扑结构的组合应用。

1. 星型

星型拓扑结构，是以中央节点为中心与各节点连接组成的，各节点与中央节点通过点到点的方式连接。其特点是结构简单，建网容易，便于控制和管理；中心节点负担较重，通常采用集线器和交换机；中心节点故障时会使全系统瘫痪。

2. 总线型

总线型拓扑结构采用单根数据传输线作为通信介质，所有的站点都通过相应的硬件接口直接连接到一根中央主电缆上，任何一个节点的信息都可以沿着总线向两个方向传输扩散，并且能够被总线任何一个节点所接受，其传输方式类似于广播电台，因而总线网络也称为广播式网络。其特点是结构简单，便于扩充；但由于数据可双向传输，所以可靠性较差。

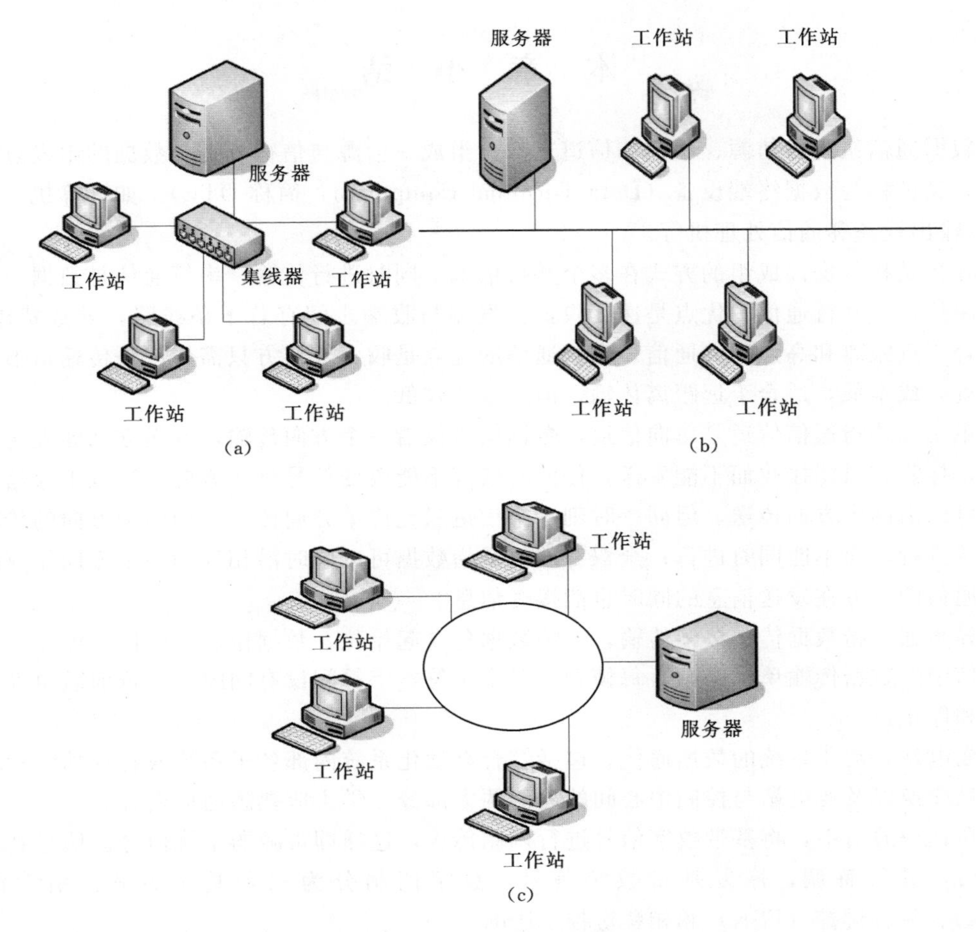

图 5-34　以太网拓扑结构
(a) 星型；(b) 总线型；(c) 环型

3. 环型

环型拓扑结构网络，是由一些中继器和连接到中继器的点到点链路组成的一个闭合环。在环型网中，所有的通信共享一条物理通道，即连接网络中所有节点的点到点链路。其特点是首尾相连的闭合环形，节点不宜过多，不利于扩充。

总线型拓扑结构、环型拓扑结构和星型拓扑结构是局域网的 3 种基本结构。在实际应用中，往往并不采用单纯的某一种结构，而是在 3 种基本结构的基础上进行扩展而形成混合型拓扑结构。

(二) 变电站综合自动化系统网络拓扑结构选择

采用 RS-485 或现场总线时，易采用总线形结构，当系统接入规模大时，可采用分层分级总线网络结构，即干线的每个节点都是一个网桥或网关，担当支线的主接点。

采用以太网络时，易采用星型结构，当系统接入规模大时，可采用分层分级网络结构，干线采用双环自愈结构，而支线仍采用星型网络。干线的每个节点都是一个网桥或网关，担当支线的主接点。

本 章 小 结

数据通信系统由信源、信宿和信道三部分组成。信源与信宿分别是数据的出发点和目的地，又被称为数据终端设备（Data Terminal Equipment，简称 DTE），如计算机、数据输入/输出设备和通信处理机等。

并行是指数据以成组的方式在多个并行信道上同时进行传输；串行通信是数据一位一位顺序传送。并行通信的优点是速度快，但发端与收端之间有若干条线路，导致费用高，仅适合于近距离和高速率的通信。串行通信的优点是收、发双方只需要一条传输信道，易于实现，成本低，适合于远距离传输，但速度比较低。

单工方式指通信信道是单向信道，数据信号仅沿一个方向传输，发送方只能发送不能接收，接收方只能接收而不能发送，任何时候都不能改变信号传送方向；半双工通信是指信号可以沿两个方向传送，但同一时刻一个信道只允许单方向传送，即两个方向的传输只能交替进行，而不能同时进行；全双工通信是指数据可以同时沿相反的两个方向作双向传输，通信的一方在发送信息的同时也能接受信息。

异步通信指数据传送按帧传输，一帧数据包含起始位、数据位、校验位和停止位。同步通信中的数据传输单位是帧，每帧含有多个字符，字符间没有间隙，字符前后也没有起始位和停止位。

变电站自动化系统的数据通信，包括综合自动化系统内部各子系统或各种功能模块间的信息交换以及变电站与控制中心间的通信两大部分。学生应熟悉通信内容。

在远程通信中，将基带数字信号进行调制传送，这样即可减弱干扰信号。信号到达接收端后，进行解调，恢复基带数字信号。数字调制分为三种基本方式：幅度键控（ASK）、频移键控（FSK）和相移键控（PSK）。

大多数计算机包含两个基于 RS－232 的串口，仪器仪表设备也配有 RS－232 串行通信接口。RS－232C 采用了较高的传输电平，且为双极性、公共地和负逻辑，即规定逻辑“1”状态电平为－15～－5V，逻辑“0”状态电平为＋5～＋15V，其中－5～＋5V 用作信号状态的变迁区。而计算机均采用 TTL 逻辑电平，TTL 电平规定低电平“0”在 0～＋0.8V 之间，高电平“1”在＋2.4～＋5V 之间，因此在 TTL 电路与 RS－232C 总线之间要进行电平的转换及正反逻辑的转换。RS－485 采用平衡驱动输出的发送器和差动输入的接收器，从根本上消除了信号地线，提高了抗干扰能力，传输速度和距离也比 RS－232 有了明显的提高。

串行数据在传输过程中，由于干扰而引起误码是难免的，这将直接影响通信系统的可靠性，所以，通信中的差错控制能力是衡量一个通信系统的重要指标。我们把如何发现传输中的错误，叫检错；在发现错误之后，如何消除错误，叫纠错。在基本通信规程中一般采用奇偶校验或方阵码检错，在高级通信控制规程中一般采用循环冗余码 CRC（Cyclic Redundancy Code）检错和自动纠错。

目前，国内变电站综合自动化数据传输主要采用循环式数据传送（Cyclic Digital Transmission）CDT 规约和问答式数据传送 Polling 规约两类。

本章主要介绍了现场总线和以太网通信网络。

【习 题】

5-1 填空题

1. 变电站综合自动化系统的数据通信包括两方面的内容：一是________________；另一是________________。

2. 由变电站向控制中心传送的信息，通常称为____________；而由控制中心向变电站发送的信息，称____________。

3. RS-232 接口标准定义了接口的________特性和________特性方面的规范。

4. RS-485 接口采用________通信模式，因此只需________根信号线，即可实现双向通信。

5. 四遥功能中的________、________信息是由变电站上传至调度，________、________信息是下传信息。

6. 我国调度自动化系统常用____________规约和____________规约。

7. 四遥指________、________、________、________。

8. RS485 是________口通信标准，工作方式是________工。

9. 双工指________________________________。

10. 单工指________________________________。

11. 数字调制分为______________、______________、______________三种。

12. 并行指________________________________。

13. 串行指________________________________。

14. 以太网拓扑结构分为________、________、________。

5-2 选择题

在数字通信中，由发送端产生的原始电信号为（　　）。

A 基带信号　　B 模拟信号　　C 频带信号　　D 正弦信号

5-3 判断题

1. 通信系统中所谓的同步指的是收发两端步调一致，协调工作。（　　）

2. 并行传送方式是将要传送的数据的字节拆开一位一位的进行传送。（　　）

3. 综合自动化系统通信采用的是模拟通信技术。（　　）

4. 以太网是一种应用广泛的局域网技术。（　　）

5. 现场总线的抗干扰能力较强，适用于恶劣的工业生产环境下的数据通信。（　　）

6. 我国综合自动化系统中，站内设备的通信协议采用 DL/T 667—1999 标准。（　　）

7. 采用问答式信息传输规约的变电站，所有上传信息都必须在调度端发出“查询”命令后，才上传数据。（　　）

5-4 名词解释

1. 异步通信

2. 同步通信

3. 通信规约

4. 调制

5. 奇偶校验

6. CRC

5－5　分析如下数据报文

eb 90 eb 90 eb 90　71 26 02 01 64 41

80 85 02 23 38 f8　81 0a 15 ca 01 9c

第六章　变电站综合自动化系统工程案例

前面章节已对变电站综合自动化的相关技术作了介绍，而变电站综合自动化涵盖了计算机技术、通信技术、微机保护和自动装置等知识，不可能事无巨细地将全部内容进行介绍。另一方面，学生学习和教师教学中苦于没有实际案例，因此，本章主要介绍了110kV变电站综合自动化系统初步设计及500kV变电站综合自动化系统改造设计的内容，以期读者对新建变电站和变电站改造的综合自动化系统设计有一个全面的认识。

第一节　110kV变电站综合自动化系统初步设计

一、工程概况

根据电力系统的发展和规划，本变电站的建设规模见表6-1所列，主接线图如图6-1所示。

表6-1　　变电站建设规模

序　号	规　划 项　目	本期建设规模	最终建设规模
1	主变压器（台数×容量）	2×50MVA	3×50MVA
2	110kV出线回路数	3回	4回
3	10kV出线回路数	24回	36回
4	无功补偿电容器组	2×2×5010kVar	3×2×5010kVar

二、继电保护及安全自动装置

110kV线路主保护为微机光纤纵差保护，每回线路采用1路专用光纤保护通道，主用2芯，备用2芯。

110kV变电站站配置1套保信子站，保信子站采用嵌入式装置，双机配置，采用互为热备用工作方式，双机都能独立执行各项功能。当一台保信子站故障时，系统实现双机无缝自动切换，由另一台保信子站执行全部功能，并保证切换时数据不丢失，不误发，不重复发送，并同时向各级调度和操作员站发送切换报警信息。

保信子站的技术指标、功能及通信规约满足《中国南方电网继电保护故障信息系统主站—子站通信与接口规范（2006年修订版）》、《广东电网110～220kV变电站自动化系统技术规范》的各项要求。

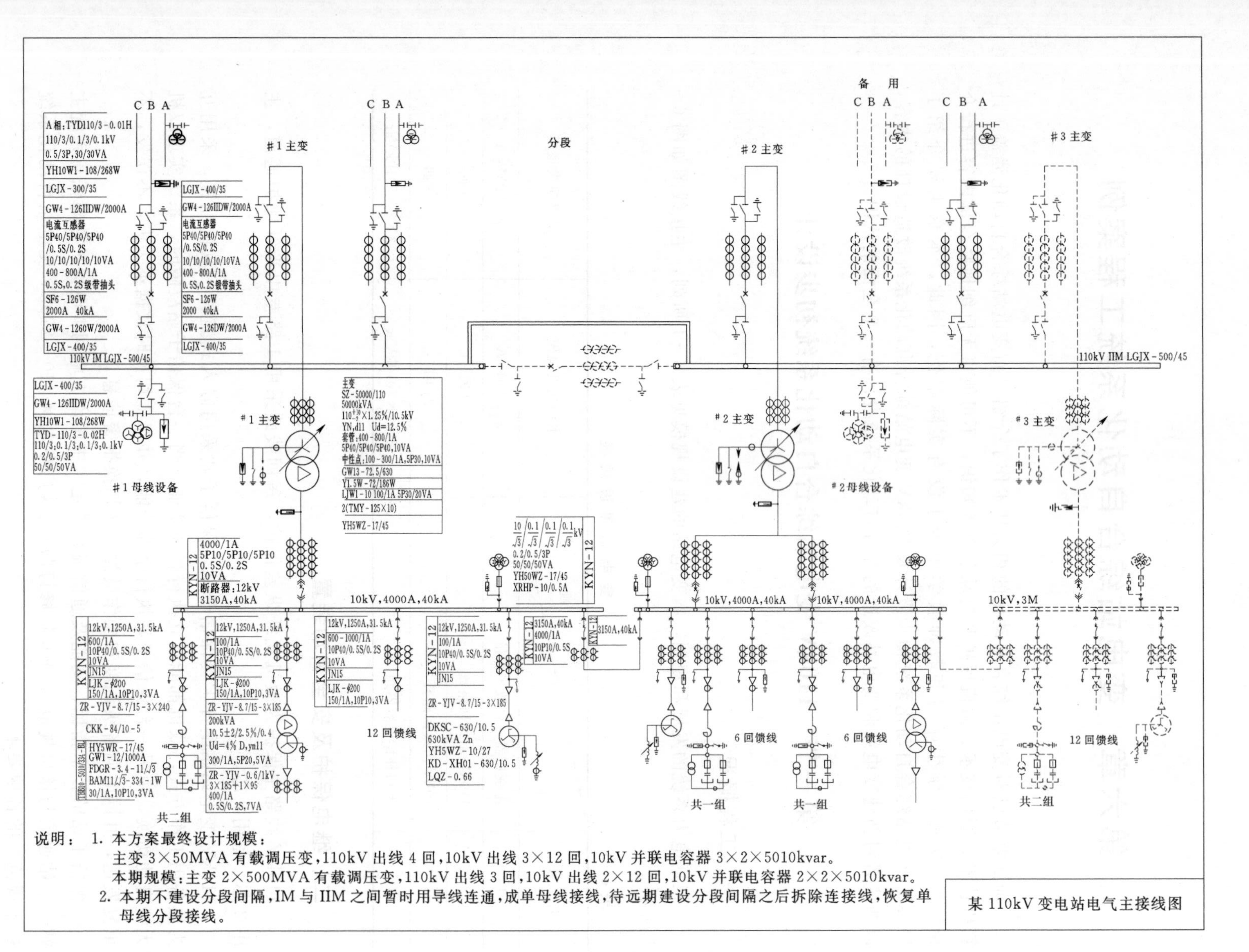

说明：1. 本方案最终设计规模：

主变 3×50MVA 有载调压变，110kV 出线 4 回，10kV 出线 3×12 回，10kV 并联电容器 3×2×5010kvar。

本期规模：主变 2×500MVA 有载调压变，110kV 出线 3 回，10kV 出线 2×12 回，10kV 并联电容器 2×2×5010kvar。

2. 本期不建设分段间隔，IM 与 IIM 之间暂时用导线连通，成单母线接线，待远期建设分段间隔之后拆除连接线，恢复单母线分段接线。

图 6-1　某 110kV 变电站主接线图

保信子站包括 2 套子站嵌入式装置，2 台网络存储器，组屏 1 面置于继保室。每台保信子站至少提供 2 个接入调度数据网的网口，保信子站接入调度数据网必须满足《广东电网电力二次系统安全防护实施规范》要求。

监控系统图如图 6－2 所示。

三、系统通信

本系统通信部分设计仅涉及 110kV 变电站站接入系统后其与地调和县调之间的电力生产调度通信。

变电站至地调 SCADA/EMS 系统提供 1 路调度数据网通道（RJ45 口）和 1 路传输速率不小于 1200bps 的专线通道（4W E/M 口）；调度数据网络不满足的情况下，提供 2 路不同物理路由的，传输速率不小于 1200bps 的专线通道（4W E/M 口）。

变电站至县调 SCADA 系统提供两路传输速率不小于 1200bps 的专线通道（4W E/M 口）。

变电站至地区计量自动化系统提供 1 路调度数据网通道（RJ45 口）和 1 路传输速率不小于 1200bps 的专线通道（4W E/M 口或 RS－232 口）；调度数据网络不满足的情况下，提供两路传输速率不小于 1200bps 的专线通道（4W E/M 口或 RS－232 口）。

变电站至清远地调遥视控制中心提供 1 路 2M 专线通道（E1 口）。

根据业务对通道的需求，结合地区电力通信现状和规划，变电站接入系统各业务的通道均采用光纤通信方式。

根据地区调度数据网网络规划，110kV 变电站作为调度数据网的接入节点，在本站配置 1 套市供电局调度数据网接入层设备，接入汇聚层站点。

目前该市宽带数据网主要覆盖范围为二级单位、供电所及变电站，满足电力生产运行管理相关信息系统的接入。根据地区综合数据网网络规划，本站需要按照市局综合数据网接入要求，配置 1 套综合数据网设备通过光纤直连接入汇聚节点。

由于电力通信系统在整个电力系统运行管理起着不可或缺的重要作用，而其中通信室更是该系统的核心，这就要求与之配套的通信电源必须稳定、可靠，同样要求市电的供电必须安全、可靠稳定。电源的配备应能满足该通信室远期规划的需求，应能满足它的扩容要求。

在 110kV 变电站配置 1 套直流 48V 4×20A/300Ah 电源系统，该电源系统采用浮充供电方式，即由电气敷来的 380V 交流电经整流器整流后，与一组蓄电池组组成浮充供电，整流器选用高频开关电源成套装置，蓄电池选用免维护电池，该套电源系统为光端设备、数据网络设备主用电源；备用电源由电气二次直流电源系统通过 DC/DC 转换模块提供。

四、站内通信

本工程需在 110kV 变电站提供一个面积约 40m² 的通信室，用于放置光端设备、数据网络和电源设备，蓄电池与电气二次部分的一组蓄电池共用一个蓄电池室。

110kV 变电站的通信室要求敷设环形接地线，并要求与变电站的总接地网连接，通信室的防雷接地设计与变电站的防雷接地设计统一考虑。

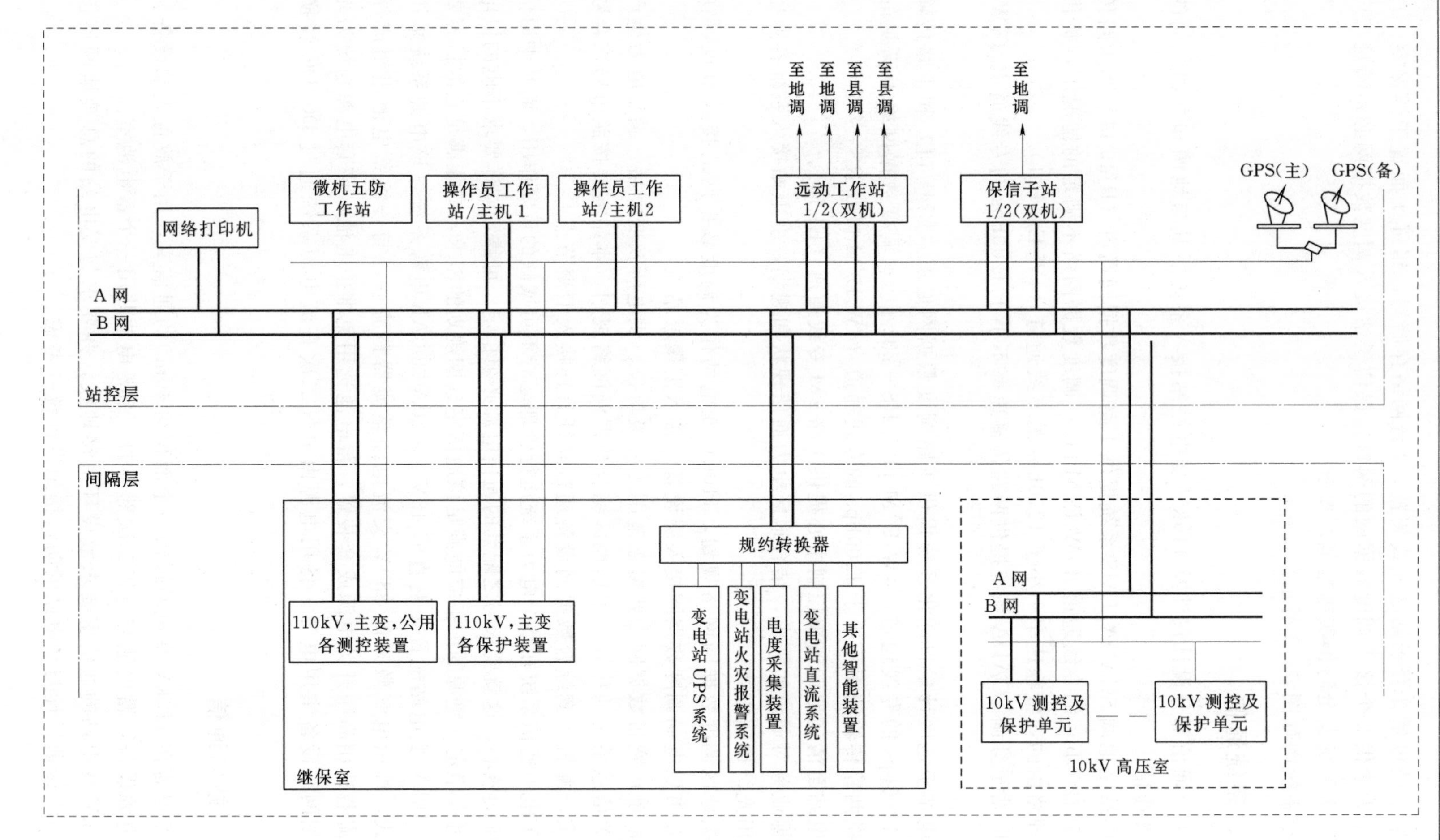

图6-2　某110kV变电站监控系统网络结构图

通信室处于生产信息交会的核心位置，主要设备及配套设备种类繁多，数目多。考虑到变电站的通信实行无人值班，为了让通信人员实时了解通信室环境的各种信息，保障各种设备正常运行，有必要建设本站的机房环境监视系统。

（一）监控对象及监控内容

通信室环境监控系统的监控对象主要包括：

（1）电源设备：通信高频开关电源设备、蓄电池组。

（2）空调设备：通信室专用空调设备。

（3）环境：烟雾/火警、水浸、温度、湿度。

通信室环境监控系统的监控内容主要包括：对交流供电、直流供电等的工作状态进行监测，对通信室环境温度、湿度、烟雾/火警、水浸等的工作状态进行监测，对通信室空调系统实行远程控制等。

（二）系统结构

在本站设置一个监控单元。根据监控参量的具体情况，配置一个或数个监控模块。

监控模块与监控单元之间，采用专用数据总线。监控单元与地区监控中心之间，利用本工程建设的光纤通信传输网络进行连接。数据传输优先采用2Mb/s或64Kb/s专线方式。地区监控中心与省通信公司的集中监控中心之间利用电力系统现有的传输网络进行连接。数据传输优先采用2Mb/s专线方式为主。

通信室环境监控系统结构如图6-3所示：

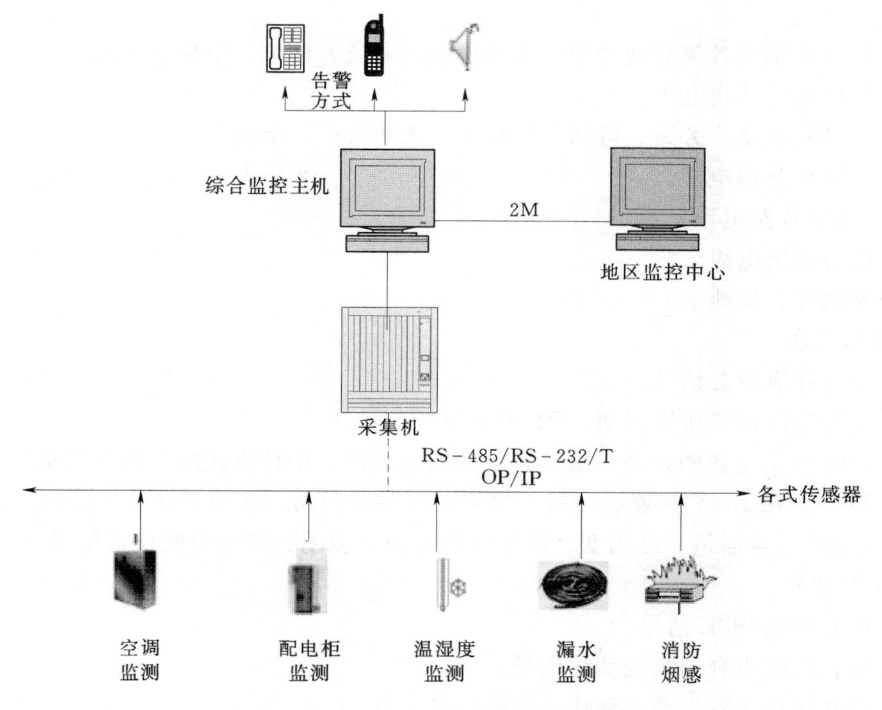

图6-3　通信室环境监控系统结构示意图

五、系统调度自动化

本期工程建成后由地调和县调共同进行调度管理，站内远动信息分别送地调 SCADA/EMS 系统和县调 SCADA 系统，电能量送市供电局和县供电局计量自动化系统。

目前，地调 SCADA/EMS 系统采用南瑞科技公司的 Open3000 型系统，该系统支持网络通信方式和专线通信方式，通信规约包括 DL/T 634.5.101—2002 和 DL/T 634.5.104—2002；县调 SCADA/EMS 系统采用东方电子公司的 DF8003 型系统，该系统支持网络通信方式和专线通信方式，通信规约包括 DL/T 634.5.101—2002 和 DL/T 634.5.104—2002。

（一）远动方案

站内远动系统方案按照“远动信息的采集和传送应直采直送”的原则进行设计，以保证远动信息的实时性和可靠性。远动装置的配置结合变电站计算机监控系统统一考虑，在站内计算机监控系统上配置双远动工作站，即远动工作站通过高速数据网络口挂在站内计算机监控系统局域网上。每台远动工作站均配置与地调 SCADA/EMS 系统通信的通信口和通信规约，把站内实时远动信息传送至地调 SCADA/EMS 系统，并接收远方主站下发的调度控制命令。远动信息的采集和传送过程不允许有其他的中间环节，必须保证远动信息的直采直送，以满足电网调度自动化的实时性要求。

（二）远动信息

1. 遥测信息

（1）110kV 主变各侧有功功率、无功功率、电流、档位、中性点电流。

（2）各段电压母线电压。

（3）110kV 线路、旁路、母联有功功率、无功功率、电流。

（4）110kV 分段电流。

（5）10kV 线路电流。

（6）电容器组电流。

（7）站用变、接地变。

2. 遥信信息

（1）变电站事故总信号。

（2）电压各段母线接地刀闸、PT 刀闸位置信号。

（3）110kV 主变各侧开关、出线刀闸、接地刀闸、中性点接地刀闸位置信号。

（4）110kV 和 10kV 母联、分段、线路的开关、刀闸、接地刀闸位置信号。

（5）10kV 电容器组、站用变、接地变的开关、刀闸、接地刀闸位置信号。

3. 保护信号

（1）所有开关 SOE 信号。

（2）每套线路重合闸装置动作信号。

（3）每套保护装置启动、动作、故障信号。

4. 遥调

主变挡位升、降、停。

5. 遥控信号

(1) 所有开关分、合。

(2) 主变中性点接地刀闸分、合。

(三) 电能量采集系统

1. 计量点设置

(1) 主变各侧。

(2) 站用变压器的高压侧。

(3) 110kV线路出线侧。

(4) 10kV线路出线侧。

(5) 10kV电容器。

2. 电能量计量设备配置要求

计量表均采用带RS-485口的多功能电子式电表，有功精度0.5s级，无功精度2.0级，单表配置。CT精度为0.2s级。PT精度为0.2级。

3. 电能量采集方案

本期工程站内配置一台电能采集装置，通过RS-485口，采用DL/T 645规约与电表通信，采集有关电度量并送往地区计量自动化系统。通信口的数量要满足所有电能遥测主站接入的要求。装置对各调度端应同时接入2路通道，双通道可以同时工作。

(四) 图像监视及安全警卫系统

便于运行维护管理，在变电站内配置一套图像监视及安全警卫系统（遥视系统站端设备）以监视变电站内现场设备的运行情况以及消防和保安情况，图像信息传送至遥视控制中心。

本方案设一套图像监视及安全警卫系统，由摄像设备、红外对射报警探测器和后台监控主机、硬盘录像视频服务器等设备构成，对变电站环境进行防盗、防火、防人为事故的监控，对变电站设备如主变、场地设备、高压设备等进行监视。

(1) 监控对象：

1) 变电站厂区内环境。

2) 主变压器外观及中性点接地刀。

3) 变电站内各主要设备间（包括大门、主控制室、通信机房、10kV配电装置室等）。

(2) 监控主机通过通信接口实现与火灾报警系统的连接，在火警发生时，自动弹出火灾区域的报警画面和语音报警。通过通信网络通道，将被监视的目标动态图像以IP单播、组播方式传到监控中心，并能实现一对多（一个远程终端同时连接监控多个变电站端视频处理单元），多对一（多个远程终端同时访问一个变电站端视频处理单元）的监控功能。报警信号、站端状态信息、控制信息以TCP/IP方式与监控中心实时通信。

(3) 运行维护人员通过视频处理单元或工作站对变电站设备或现场进行监视，对变电站摄像机进行（左右、上下、远景/近景、近焦/远焦）控制，也可进行画面切换和数字录像机的控制。

(4) 图像监视及安全警卫系统接入地调主站系统。

(5) 图像监视及安全警卫系统主机应由站内交流不间断电源系统提供专用回路供电。

(6) 图像监视及安全警卫系统的具体功能应满足南方电网公司《220～500kV 变电站电气技术导则》。

图像监视及安全警卫系统参照《广东电网环境监测系统技术规范》进行设计。

六、变电站综合自动化系统

本站自动化系统按最终无人值班有人值守设计，采用全分布式网络结构，以间隔为单位，按对象进行设计。本站自动化系统配置和技术要求应满足《广东电网 110～220kV 变电站自动化系统技术规范》的各项规定。

（一）系统结构

整个变电站自动化系统分为站控层和间隔层，网络按双网考虑，网络结构配置如图 6-4 所示。站控层采用双以太网，连接主机/操作员站、远动工作站、保信子站、五防工作站和打印机等，置于继保室内。在站控层设置远动工作站，按双通道考虑，并根据需要配置调度数据网接入设备。间隔层按间隔配置，实现就地监控功能，连接各间隔单元的智能 I/O 设备等。本站监控系统留有与直流系统、火灾报警、图像监视系统、电能采集系统以及消弧线圈自动调节系统连接的通信接口。为了保证对监控系统和火灾报警装置等重要负荷的供电可靠性，全站新建一套交流不停电直流逆变电源系统，由 2 台容量 3kVA 的直流逆变电源构成，组屏布置在继保室。

（二）系统配置

1. 系统硬件配置

站控层设备按工程最终规模配置，布置于继保室内，包括 2 套操作员工作站（其中 1 套兼作五防工作站），2 套远动工作站，1 套保信子站（双机），1 套微机五防工作站等。

间隔层设备按本期规模配置，分别布置在继保室和 10kV 配电装置室，同时，在继保室和 10kV 配电装置室各设置 1 面网络交换机屏，用于实现与站级其他智能设备的接口和数据通信。

间隔层监控设备包括 I/O 测控单元及网络联接设备。主要采集各种实时信息，监测和控制间隔层内一次设备的运行，自动协调就地操作与站控层的操作要求，保证设备安全运行，在站控层及网络失效的情况下，仍能独立完成间隔层的监测和控制功能。

I/O 测控单元按电气间隔配置，各 I/O 单元之间不相互影响。I/O 单元完成本间隔的数据采集、控制、同期、闭锁等功能。

2. 系统软件配置

软件的总体要求是操作系统采用 Windows NT，应用软件应便于补充、修改、移植、生成或剪裁。

本站软件由系统软件、支持软件及应用软件组成。系统软件包括成熟的实时操作系统，完整的设备诊断程序，完善的整定、调试软件和实时数据库；支持软件包括通用和专用的编译软件及其编译环境，管理软件，人机接口软件，通信软件等；应用软件应满足本系统所配置的全部功能要求，采用结构式模块化设计。功能模块和任务模块应具有一定的完整性、独立性和实时性。

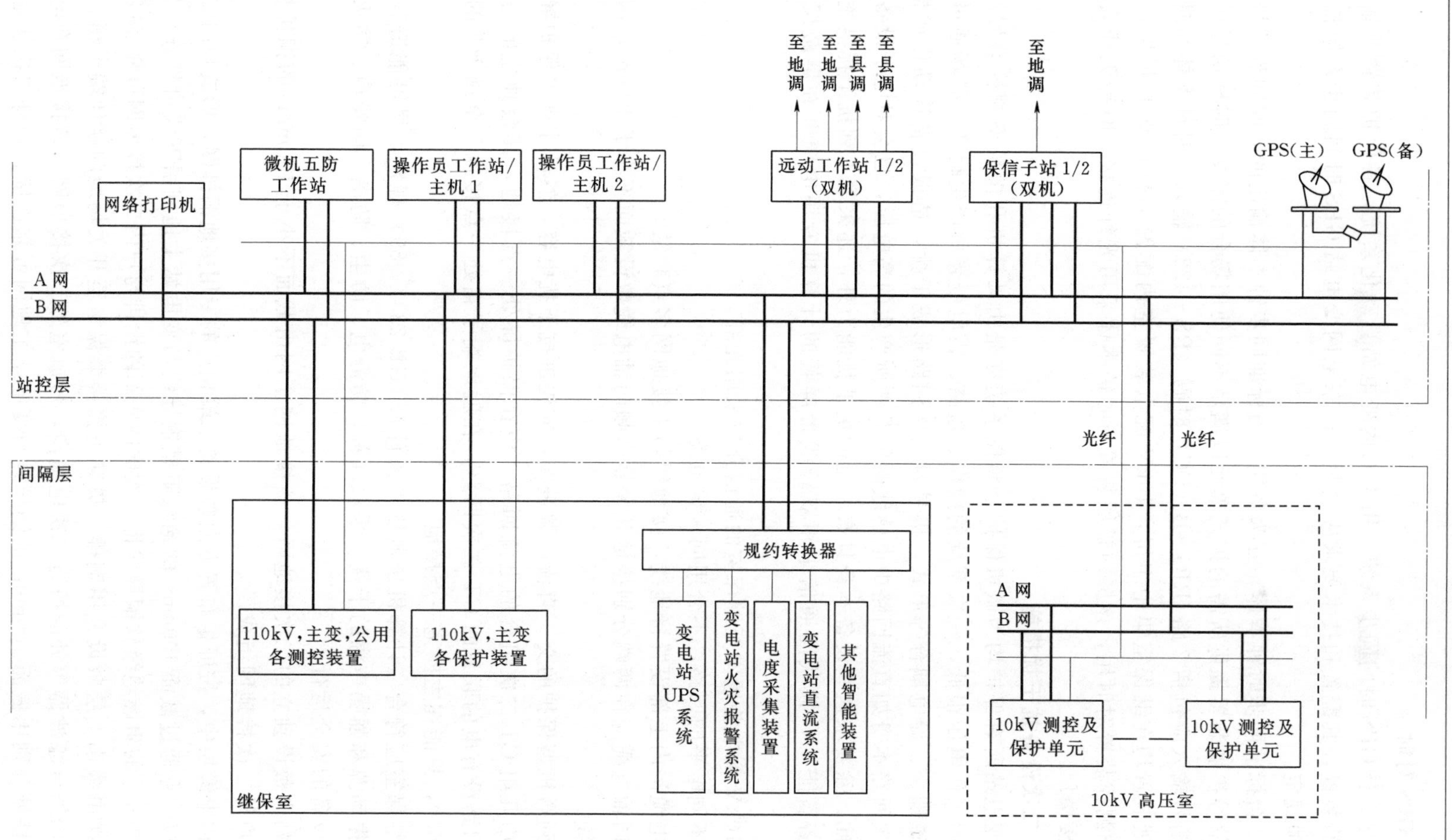

图 6-4　110kV 变电站监控系统网络结构图

(三) GPS 对时

本站设 1 套 GPS 时间同步系统，用于站内变电站自动化系统，各保护装置及站内其他需对时的装置，其配置和技术要求应满足《广东电网变电站 GPS 时间同步系统技术规范》的各项规定。

采用 2 台标准同步时钟本体，互为备用。当标准同步钟本体输出的时间同步信号不足时，时标信号扩展装置提供所需的扩充单元以满足不同使用场合的需要。时标信号扩展装置的时间信号输入应包括 2 路 IRIG－B（DC）时码（RS－422）输入。时钟本体与时间同步信号扩展装置均在继保室集中组屏，10kV 配电装置室内配置 1 面 GPS 扩展屏，用于 10kV 保护测控装置对时用，该屏内扩展装置与时钟本体采用光纤连接。时钟天线安装在配电装置楼楼顶。

(四) 二次设备抗干扰措施

本期变电站所有保护均为微机保护，监控系统亦是由计算机和微机型测控装置组成。这些设备的工作电压很低，一次系统的操作、短路、雷电侵袭所产生瞬变电磁场通过静电耦合、电磁耦合、导电耦合等形式，极易对二次回路形成干扰，造成设备误动作或损坏。另外，二次回路本身如直流回路中电感线圈的开断所产生的高电压，也会对电子设备产生干扰。为此，除要求这些设备本身具有一定的抗干扰能力外，还采取下列抗干扰措施：

（1）各智能 I/O 模块间通信采用双绞线带屏蔽的计算机专用电缆并在屏蔽层一端接地。

（2）10kV 配电装置室至继保室的通信介质采用光纤。

（3）不同电平的回路，不合用同一根电缆。

（4）电缆沟内上部设置接地线，接地线与主接地网多点联结。

（5）同轴电缆应在两端分别接地并紧靠高频同轴电缆敷设截面不小于 100mm^2 两端接地的铜导线。

（6）到微机型保护的交、直流电源进线，应先进抗干扰电容，然后才进入保护屏内。

（7）由几组 CT 二次组合的电流回路，应在保护屏处一点接地，其余独立的与其他 CT 二次回路没有电的联系的 CT 二次回路，在就地端子箱处一点接地。全站 PT 的零相小母线 N600，只能在主控室一点接地。

（8）继保室应符合《计算机场地技术条件》（GB 2337—89）规定，尽可能避开强电磁场、强振动源和强噪声源的干扰，采取屏蔽、防静电、防尘、防潮、防噪声、防火等措施，保证设备的安全运行。

（9）站内敷设独立的二次接地网，该接地网全网由截面不小于 100mm^2 的铜排构成，由户内和户外二次接地网组成。

在户内电缆层中，按屏柜布置方向敷设首末端相连的专用接地铜排网，形成户内二次接地网。并以一点通过截面 100mm^2 的绝缘阻燃铜导线与变电站主地网引下线可靠连接接地。用截面 100mm^2 的阻燃绝缘软铜导线将二次屏内底部的铜排与户内二次接地网可靠连接。

在二次电缆沟上层敷设专用铜排，贯穿主控楼继保室至开关场地的就地端子箱、机构箱及保护用结合滤波器等处的所有二次电缆沟，形成室外二次接地网。该接地网在电缆沟中的各末梢处分别用截面 100mm^2 的铜导线与变电站主地网可靠连接。户外二次接地铜排进入室内时，以截面 $100mm^2$ 的铜导线与户内二次接地网可靠连接。开关场端子箱内接地铜排用截面 $100mm^2$ 的铜导线与户外二次接地网可靠连接。户外接地铜排直接固定在电缆支架上。

（10）继保室内的屏外壳焊接在基础槽钢上后与主接地网可靠连接。

（11）选用屏蔽性能优越的电缆。根据电力系统反措要点，所有二次控制电缆选用阻燃 B 类铜芯单屏蔽电缆，其屏蔽层应两端接地。

（12）监控系统的接地电阻按 1Ω 考虑，并加强系统的防雷措施。

七、直流系统

全站设一套直流系统，用于继电保护、监控系统、事故照明等的供电。直流系统电压为 110V，全站事故停电按 2h 考虑。

直流系统采用单母线分段接线，设分段开关，每段母线各带一套充电装置和一组蓄电池，容量为 300Ah，充电装置采用高频开关电源，模块按 $N+1$ 配置为 4×20A；蓄电池采用阀控式密封铅酸电池，除蓄电池组架外，其余直流设备组屏安装。

蓄电池和高频开关电源容量均按带供电范围内全部设备负荷的要求选择，在正常操作条件下，2 套蓄电池和 2 个高频开关电源均带一部分设备负荷。

直流充电屏和馈线屏采用柜式结构，主母线采用阻燃绝缘铜母线，馈线屏的各馈线开关均选用直流型自动空气断路器，跳闸发报警信号。直流馈线屏上装设微机绝缘在线监测及接地故障定位装置，自动监测各馈线直流绝缘情况，发出接地信号，指出接地馈线编号。在配电装置楼设置 2 个专用蓄电池室，用于布置 2 组蓄电池，其中一间蓄电池室与通信专业共用。直流系统配有电池巡检仪、系统监控单元，并能通过统一接口与站内监控系统通信。

直流系统采用混合型供电方式；变电站自动化系统站控层及网络设备采用辐射型供电方式，间隔层测控装置宜采用环形供电方式；110kV 及主变部分保护所需直流电源采用辐射型供电，每一安装单位均直接从直流馈线屏获取电源；10kV 部分采用保护、测控合二为一的装置，按每台变压器对应的低压侧母线，分别采用环形供电方式，且控制操作电源与保护电源必须分开。此外，供电方式还须符合继电保护和反措要求。

八、元件保护及自动装置

元件保护应满足《继电保护和安全自动装置技术规程》（GB 14285—2006）和《广东电网 110～220kV 变电站自动化系统技术规范》的各项规定。

（一）主变压器保护

主变压器保护由 1 套二次谐波制动原理的微机型差动主保护、后备保护和主变本体非电量保护构成，保护主变压器内部及套管相间故障、接地故障、匝间故障。差动保护瞬时动作跳主变各侧断路器，本体非电量保护按厂家要求跳闸或发信号，见图 6-4。

1. 110kV 侧后备保护

高压侧配置复合电压闭锁过流保护，保护动作延时跳开变压器各侧断路器；由于主变压器中性点设置了间隙，配置中性点间隙电流保护、零序电压保护，保护动作延时跳开主变压器各侧断路器；配置零序电流保护，保护动作第一时限跳高压侧母联（分段）断路器，第二时限跳开主变压器各侧断路器。

2. 10kV 侧后备保护

低压侧配置时限速断、复合电压闭锁过流保护。保护为二段式，第一段第一时限跳10kV分段，第二时限跳开本侧断路器；第二段第一时限跳分段断路器，第二时限跳开本侧断路器，第三时限跳开主变压器各侧断路器。

（二）10kV 线路保护

10kV 线路装设时限电流速断、过流及接地保护，并具有按周减载功能，下放布置于开关柜内。

（三）10kV 电容器保护

10kV 电容器组装设时限电流速断、过流及接地保护、开口三角电压保护以及过电压、失电压保护。此外电容器还有自身的熔丝保护，下放布置于开关柜内。

（四）站用变压器保护

站用变压器除自身非电量保护外，还装设电流速断、过电流和高压侧接地保护及低压侧的零序电流保护，这些保护作为变压器内部、外部故障时的保护，下放布置于开关柜内。站用变压器保护配置和装置功能还应符合《广东电网公司变电站站用交流电源系统技术规范》要求。

（五）接地变压器保护

接地变压器保护采用微机型速断、过流及零序过流保护，保护测控装置就地安装于高压开关柜，并配置小电流接地选线装置。

保护装置具备 2 个以太网口和 1 个 RS-485 串口，接入变电站自动化系统，并带 GPS 对时接口。

（六）10kV 分段保护

10kV 分段装设过流及充电保护，下放布置于开关柜内。

（七）110kV 进线备自投

在 110kV 进线装设备自投装置。

（八）10kV 分段备自投

在 10kV 1M 与 10kV 2MA，10kV 2MB 与 10kV 3M 之间装设分段备自投装置。

第二节　500kV 变电站综合自动化系统改造

某 500kV 变电站现有计算机监控系统为 2003 年投运的南瑞科技生产的 SJ-2000 型计算机监控系统，采用分层分布式结构，由站控层和间隔层组成，当地监控主站、操作员工作站和远动通信机按双套配置，置于主控制室。间隔层按间隔配置，测控、保护各自独立，置于继保室。测控装置通过前置机与站控层网络相连，其他智能设备通过通信口或智能型设备接入监控系统。现有监控系统后台为以太网结构，包括 GPS、后台监控机、前置转发机等，间隔层为 485 总线结构，由总控单元和测控单元组成。2007 年 5 月对网络交换机和前置机进行了更换。

本次综合自动化系统改造包括更换站控层计算机设备，增加保护信息子站；更换间隔层测控装置，增加对500kV、220kV和35kV隔离开关的遥控。监控系统改造将不改变原监控系统的网络结构，对监控主站、操作员工作站和工程师站进行升级更换，增加主变调压功能，增加1套保护信息子站，完善站控层的结构。更换间隔层测控装置，满足站控层要求。

监控范围在原来的基础上增加对隔离刀闸和主变有载调压的监控。断路器实现在远方、监控系统后台、测控柜及就地控制；隔离开关实现在远方、监控系统和就地控制。信号回路和测量回路接入改造后的监控系统。变电站的所有操作均经防误闭锁，站控层实现面向全站设备的综合操作闭锁功能；各级控制操作遵守唯一性原则，一级操作闭锁其他级操作，各级操作切换通过软件和转换开关实现。

改造后监控系统网络结构如图6-5所示。

一、继电保护改造

目前该变电站500kV线路保护为南自院生产的LFP-900系列微机保护，由2块屏组成：主Ⅰ保护屏含主Ⅰ保护LFP-901D方向保护，LFP-902后备距离保护，远跳装置LFP-925A；主Ⅱ保护屏含主Ⅱ保护LFP-902D距离保护，远跳装置LFP-925A，双套短引线保护LPF-922A。断路器保护屏含断路器失灵及重合闸LFP-921，断路器操作箱CZX-22A。

现有500kV线路保护通道采用1路复用载波通道和1路复用2M光通信电路，复用载波接口是ABB公司的NSD50，复用光纤保护接口是ABB公司的NSD570D。保护通道情况如图6-6所示。

500kV线路保护改造方案为：主Ⅰ保护屏含微机光纤电流差动保护1套，远跳装置1套，短引线保护1套：主Ⅱ保护屏含微机光纤电流差动保护1套，远跳装置1套，短引线保护1套。要求主保护具备完善的后备保护功能，不再配置独立的后备距离保护。

每套主保护都采用双光纤通道，即分别采用1路专用光纤通道和1路复用光纤通道，2套远跳装置共采用2路复用2M光纤通道。因此，通信机房需要增加1面保护复用光纤接口屏，内含4套复用光纤接口装置。改造后的保护配置及通道连接如图6-7所示。

更换后新的断路器保护屏应含断路器失灵保护、重合闸及分相操作箱等设备。

保护装置应能提供3路以太网口与监控系统A、B网和保护信息管理子站连接。线路保护装置应能接受监控系统提供的对时信号以实现本装置的对时。

二、保信子站的配置方案

子站计划接入500kV线路保护、主变保护、220kV线路保护、母线保护、故障录波及故障测距等设备。

（一）保护接入子站方式

500kV线路保护均为南瑞继保公司的RCS900系列保护设备，RCS保护装置本身具有2个RS-485口。断路器保护为许继的WDLK-862，保护装置具有2个RS-485口。CSC系列保护可以直接出2个RS-485口。220kV线路保护WXH-801（802）具有2个

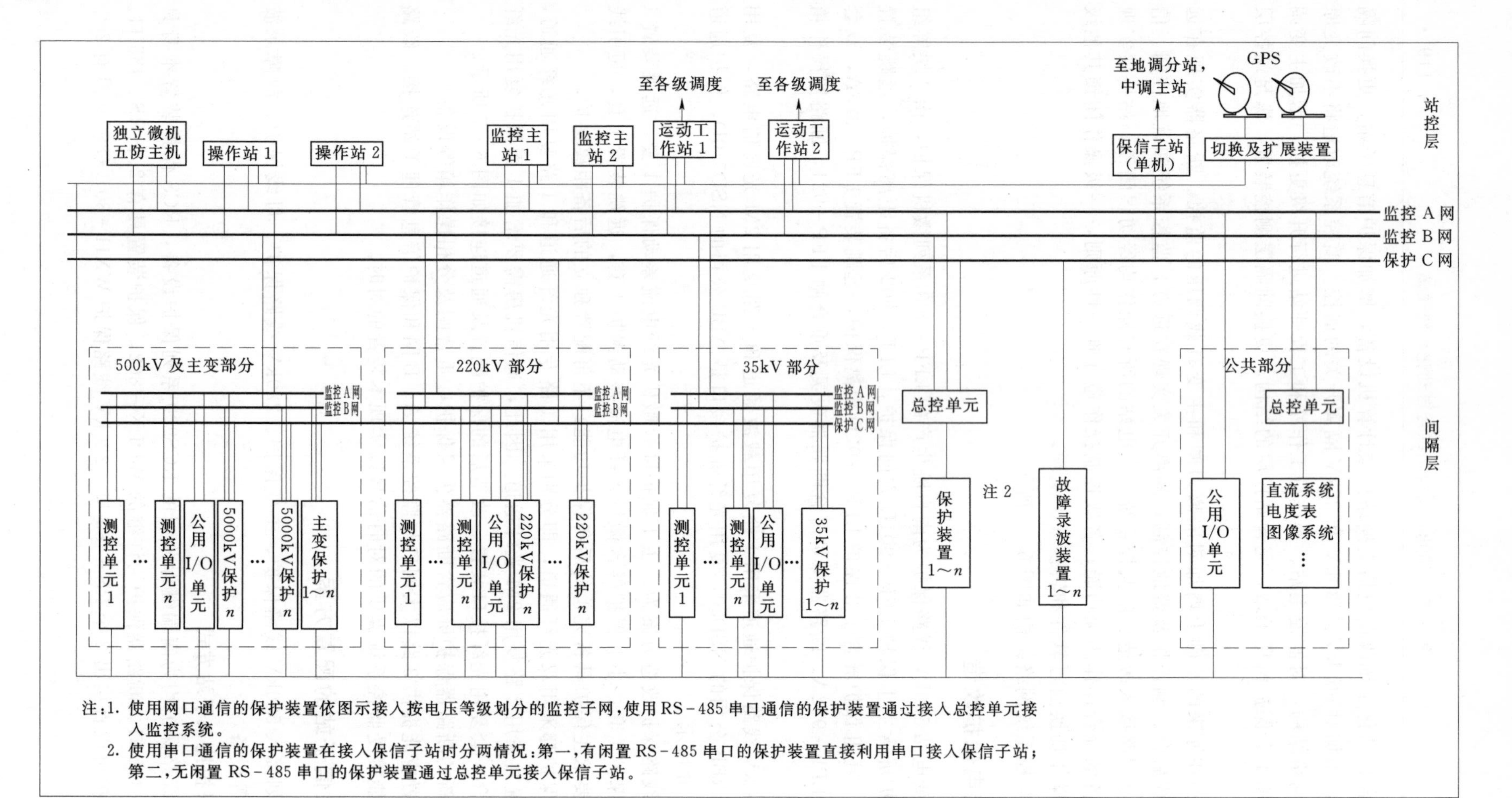

注:1. 使用网口通信的保护装置依图示接入按电压等级划分的监控子网,使用RS-485串口通信的保护装置通过接入总控单元接入监控系统。

2. 使用串口通信的保护装置在接入保信子站时分两情况:第一,有闲置RS-485串口的保护装置直接利用串口接入保信子站;第二,无闲置RS-485串口的保护装置通过总控单元接入保信子站。

图 6-5　某 500kV 变电站监控系统网络结构图

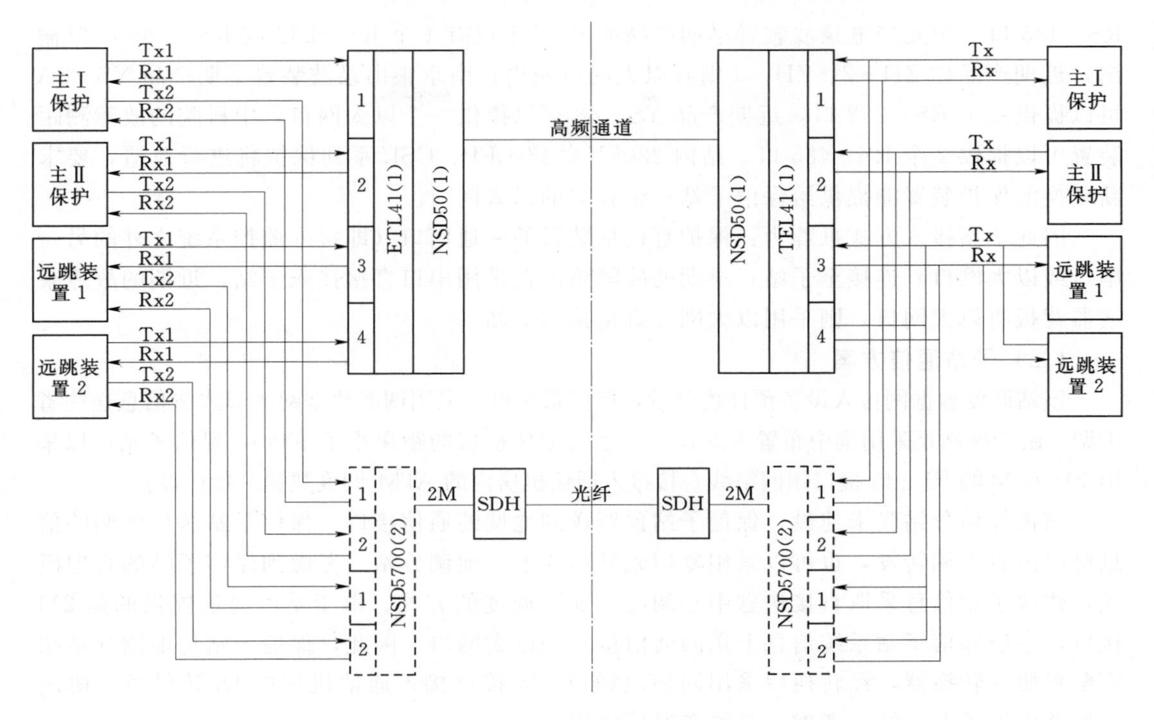

图 6-6　现有500kV线路保护通道

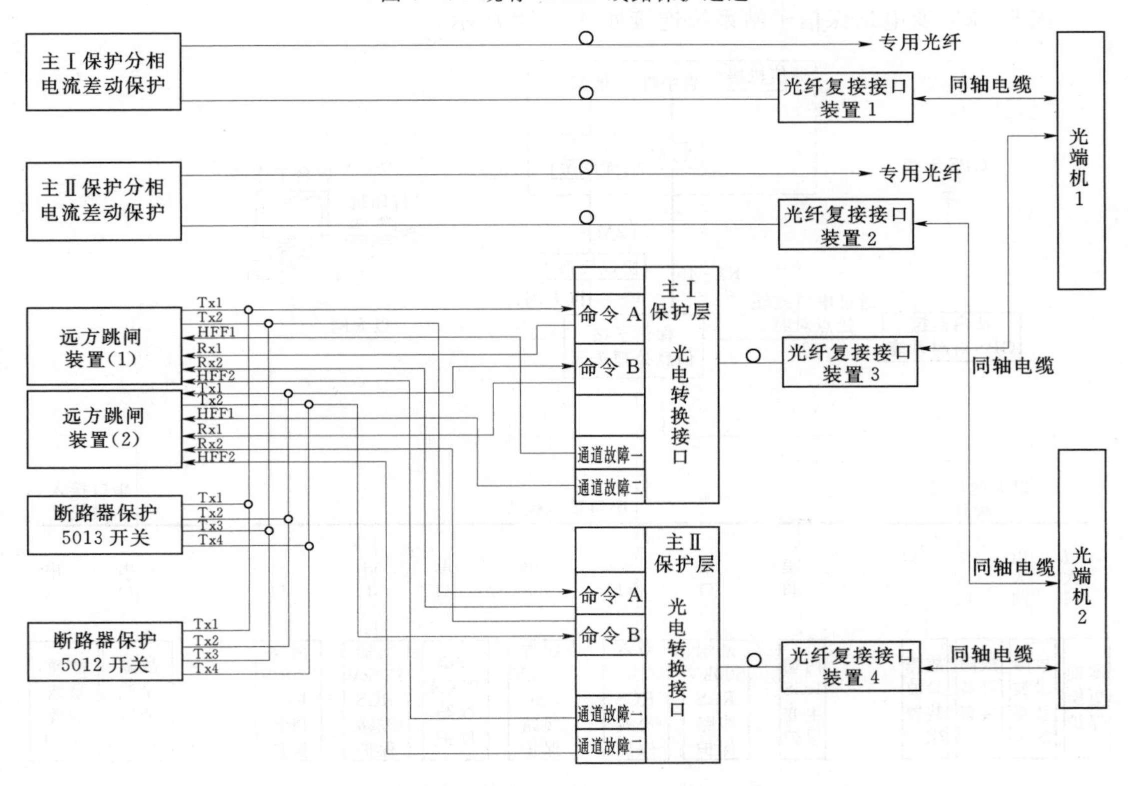

图 6-7　改造后的500kV线路保护配置及通道连接

RS－485 口。中元华电录波装置早期产品如 ZH－1 仅有 1 个 RS－232 或 RS－485 串口输出，近期产品如 ZH－2、ZH－3 则有以太网口输出；南京银山录波装置早期产品 YS－8A 可以提供一个 RS－232 口，近期产品 YS－88 可以提供一个以太网口。中科院的故障测距装置可以提供 2 个 RS－485 口。站内 220kV 线路 LFP、CSL 系列保护将进行改造，要求新更换的保护装置能提供给保信子站一个独立的以太网口。

因此子站接入方式推荐为：保护直接从装置的一通信口（即接入监控系统之外的另一串口或以太网口）连接至子站；早期的故障录波器采用串口直接接入子站，近期的故障录波器背板有以太网口，则采用以太网口直接接入子站。

（二）子站通信方案

该站调度数据网接入设备预计投产后，保信系统可以采用调度数据网的形式将信息送往省中调。由于该站是采用集中布置方式，继保室与通信机房的距离小于 100m，保信子站可以采用 10/100M 的 RJ－45 接口用网络线直接接入通信机房内的 ATM 调度数据网接口设备。

该市保信分站尚未建设，保信子站预留送到地调的通信接口。保信子站送往地调的信息可以由省中调转发，也可以采用复用光纤形式上送地调分站。考虑到保信子站的管理模式，建议子站信息采取直接送省中心调度和地区调度的方式。由于站内通信提供的是 2M 接口，一般保信子站系统信息上送的通信接口是以太网口，因此，保信子站与地调分站端需配置协议转换器，经转换后采用同轴电缆以 2M 接口接入通信机房的 DDF 设备。协议转换器由通信专业统一考虑，布置在通信机房。

该 500kV 变电站保信子站系统连接如图 6－8 所示。

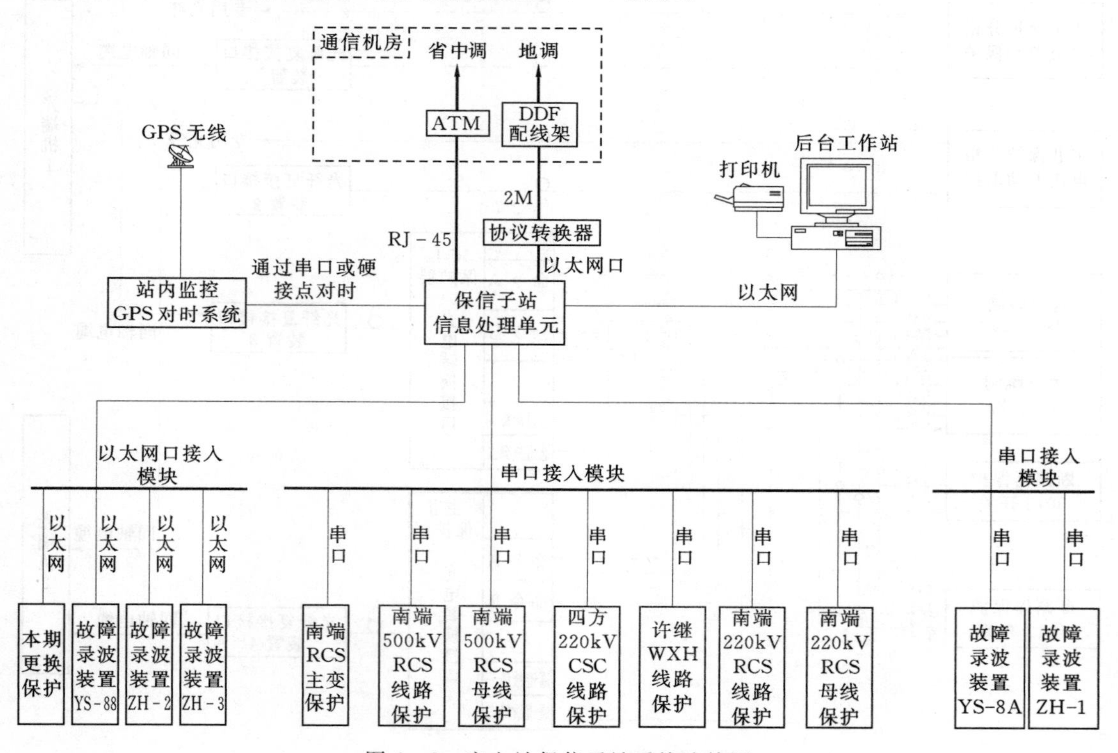

图 6－8　变电站保信子站系统连接图

参考文献

[1] 丁书文．变电站综合自动化现场技术［M］．北京：中国电力出版社，2008

[2] 张瑛．电力系统自动装置［M］．北京：中国电力出版社，2006.

[3] 广东电网公司广东电网 110～220kV 变电站自动化系统技术规范．2005.

[4] 广东电网公司广东电网 500kV 变电站自动化系统技术规范．2009.

[5] 广东电网公司广东电网公司数字化变电站技术规范．2010.

[6] RCS-9000 系列 C 型保护测控装置——线路保护部分技术和使用说明书．

[7] 郑开航．变电站综合自动化的发展现状和趋势［J］．电气工程应用，2011（3）：15-18.

[8] 黄益庄．变电站综合自动化技术［M］．北京：中国电力出版社，2000.

[9] 张惠刚．变电站综合自动化原理与系统［M］．北京：中国电力出版社，2004.